U0366605

国家自然科学基金（31860362，32160515）

宁夏自然科学基金（2020AAC03098，2021AAC03003）

"十一五"国家科技支撑计划项目（2011BAD29B07-05）

"十二五"国家科技支撑计划项目（2015BAD22B05-03）

2020年宁夏第二批中青年人才赴区外研修计划项目（宁人社函〔2020〕28号）

宁夏大学西部一流专业建设项目（农学专业）

保水剂
在马铃薯和玉米种植
上的应用效果研究

侯贤清 李 荣 何文寿 李培富●著

黄河出版传媒集团
阳 光 出 版 社

图书在版编目（CIP）数据

保水剂在马铃薯和玉米种植上的应用效果研究 / 侯贤清等著. -- 银川：阳光出版社, 2022.5
　ISBN 978-7-5525-6355-9

　Ⅰ. ①保… Ⅱ. ①侯… Ⅲ. ①保水剂 - 应用 - 马铃薯 - 栽培技术 ②保水剂 - 应用 - 玉米 - 栽培技术 Ⅳ. ①S532②S513

中国版本图书馆CIP数据核字(2022)第095970号

BAOSHUIJI ZAI MALINGSHU HE YUMI ZHONGZHI
SHANG DE YINGYONG XIAOGUO YANJIU

保水剂在马铃薯和玉米种植上的应用效果研究

侯贤清　李　荣　何文寿　李培富　著

责任编辑　马　晖
封面设计　赵　倩
责任印制　岳建宁

黄河出版传媒集团
阳　光　出　版　社　出版发行

出 版 人　薛文斌
地　　址　宁夏银川市北京东路139号出版大厦（750001）
网　　址　http://www.ygchbs.com
网上书店　http://shop129132959.taobao.com
电子信箱　yangguangchubanshe@163.com
邮购电话　0951-5014139
经　　销　全国新华书店
印刷装订　宁夏银报智能印刷科技有限公司
印刷委托书号　（宁）0023696

开　　本　787 mm×1092 mm　1/16
印　　张　10.25
字　　数　170千字
版　　次　2022年5月第1版
印　　次　2022年5月第1次印刷
书　　号　ISBN 978-7-5525-6355-9
定　　价　58.00元

前　言

　　长期以来,提高干旱半干旱地区农业生产力水平一直是各国普遍关注的问题。鉴于干旱缺水和生态环境问题的严重性,我国政府提出了大力发展节水农业。在旱作农业区,由于地理环境等条件的限制,要实现作物增产的目标,只有提高降水利用效率和水分利用效率。保水剂应用是一种通过改善植物根土界面环境、供给植物水分的化学节水技术。作为一种新型的节水材料,它不但能保水、保肥,而且可改善土壤的水、热、气状况。目前,不同类型的保水剂性能也有差异,因此在使用保水剂时要考虑所处的环境条件。在保水剂的实际应用中需要考虑的环境条件有气候、土壤、水利、肥料等因素,因此应该把他们结合起来当作一个整体,研究保水剂合理使用的理论和技术,改善土壤结构,提高作物产量、水分利用效率和肥料利用效率。

　　保水剂在旱作农业中的应用研究目前多集中于对其保水保肥性能方面的研究,保水剂单项措施研究多,多因子综合研究少。对保水剂的研究模拟试验多,田间验证少。同时适合不同气候、地区、作物、土壤的保水剂最佳施用量、施用方式和施肥方式的研究也较少。本专著根据保水剂的应用条件,分别在宁夏同心扬黄灌区和盐环定扬黄灌区系统研究了不同类型保水剂施用量及施用方式在马铃薯和玉米上的应用效果,筛选出适合马铃薯和春玉米生产中应用的保水剂类型与施用方式,以寻求节水、节肥、增产的最优途径,为保水剂的研制、改进、生产及其应用提供理论指导。保水剂的应用,不仅可减少土壤水分深层渗漏和养分流失,还可以提高水肥利用率,充分挖掘作物水分生产潜力，协调土壤–植物–大气系统中的水分平衡，而且为宁夏农艺节水农业技术提供一定的技术支持，对于促进我国旱作高效节水农业进一步发展将有深远的意义。

纵观现有研究，著者已在宁夏旱作区对农艺节水、保土保水、作物水分高效利用等关键技术等方面的研究基础上，探索出了旱地作物高效节水技术体系，大幅度提高了作物生产力和水分利用效率。《保水剂在马铃薯和玉米种植上的应用效果研究》一书对宁夏中部干旱区马铃薯和春玉米合理施用保水剂技术研究方面颇为详细地反映，对促进该区优势特色作物合理施用保水剂具有一定的创新意义和重要的生产实用价值。本书对宁夏扬黄灌区不同保水剂施用量下土壤性状及作物生产力进行了深入研究。全书分为七章，第一章主要介绍了保水剂农业应用及其效应研究进展；第二章阐述了不同保水剂制成凝胶对土壤性状、马铃薯产量及水分利用效率的影响；第三章研究了不同保水剂与细土混施对土壤理化性状及马铃薯产量的影响；第四章主要研究了连续施用保水剂对土壤物理性质及马铃薯产量的影响；第五章阐明了不同保水剂与肥料配施对土壤物理性质及马铃薯产量的影响；第六章研究了滴灌下施用保水剂对土壤水肥及玉米收益的影响；第七章综合评析了秸秆还田下保水剂用量对砂性土性状与玉米产量的影响。

本书依托国家"十一五"和"十二五"科技支撑计划项目任务，在宁夏中部干旱区土壤改良与培肥技术方面多年研究工作的基础上，对不同类型保水剂施用量及施用方式在马铃薯和春玉米生产中应用效果的系统性和阶段性总结。书中所包括的项目内容是国家"十一五"科技支撑项目任务"旱作耕地质量提升关键技术研究与示范"（2011BAD29B07-05，2011—2015 年）和国家"十二五"科技支撑项目任务"土壤快速培肥改良技术研究及玉米增产增效综合集成技术示范"（2015BAD22B05-03，2015—2019 年）所取得的科研成果，是参与项目的科学家和在实施过程中所有参与课题研究的队伍智慧和劳动的结晶。在多年旱作土壤改良与培肥技术等研究方面，除本书作者以外，许多老师和研究生也参与大量工作，并付出了辛勤努力，他们是代晓华、马琨、梁熠、王西娜、杨术民、杨树川、张佃平等老师及勉有明、王艳丽、吴鹏年、官梦缘、夏雷、马刚成、赵基伟、李威等研究生和本科生，在本书出版之际也向他们表示衷心感谢！

　　本书科学性、实用性强，其内容丰富了作物高效用水及土壤培肥相关理论，技术新颖，研究内容系统，可操作性强。该书的出版，可为从事补灌高效节水农业技术研究与生产应用的科技人员及高校师生提供一部有价值的参考读物。由于时间仓促，加之我们学识水平有限，书中的不妥及遗漏之处在所难免，敬请各位专家同行和参阅者批评指正。

著者

2021 年 10 月于银川

目　录

图版

第一章　保水剂农业应用及其效应研究进展

第一节　研究背景

　　中国是一个农业和人口大国,农业作为最重要的基础产业,其农业现代化水平和生产力水平较低,其中主要的制约因素是水资源短缺。根据相关资料显示,我国多年人均水资源量为 2 000 m³,不足世界人均水平的 1/4,预计到 2030 年,在降水情况不改变的条件下,人均水资源量将逼近国际上公认的严重缺水警戒线 1 700 m³, 因此, 我国的水资源形势非常严峻（李继成,2008）。

　　干旱是我国最常见、对农业生产影响最大的自然灾害,其受灾面积占农作物总受灾面积的 50% 以上, 严重干旱年份比例高达 75%。水是农业的命脉,也是整个国民经济和人类生活的命脉。特别是 2009 年秋季以来,我国西南部分地区持续少雨,气温偏高,遭遇严重旱灾。这次灾害影响范围广、程度重,已对群众生活、农业生产、塘库蓄水、森林防火等造成极大影响。严重的气象干旱导致云南、贵州、广西和四川部分地区出现人畜饮水困难。这次持续干旱严重影响了西南 5 省(市)的农业生产。农业是我国的用水大户,根据有关部门预测,到 2030 年农业缺水达 500 亿~700 亿 m³(李常亮,2010)。

　　鉴于水资源短缺和水土流失严重两大问题,抗旱节水和保护生态环境已成为我国农业面向未来可持续发展的重要选择。因此,我国政府提出大力发展节水农业。经过不断试验研究和生产实践,化学节水技术已经成为一种现代农业生产中既具有现实应用价值,又具有发展前景的新技术(华孟和苏宝林,1989;黄占斌等,2003;吴德瑜,1991)。实行旱地农业节水技术,科学地利用有限的区域水资源,提高旱地作物的水分生产效率,促进旱地农业的高效

1

发展,是现代旱地农业发展的必由之路。保水剂(Super absorbents polymers, SAPs),是化学节水材料的一种,又称高吸水剂,是吸水聚合物的统称,它能迅速吸收比自身重数百倍甚至上千倍的纯水,而且具有反复吸水功能,保水剂所吸纳的大部分水分释放供作物吸收利用。同时,保水剂可以改良土壤结构,提高土壤水分的保持能力和水肥的利用率(Moslemi,et al.,2011;穆俊祥等,2016;李荣等,2021)。当土壤中加入保水剂后,保水剂在土壤中吸水膨胀,把分散的土壤颗粒黏结成团块状,使土壤容重下降,孔隙度增加,调节土壤中的水、气、热状况而有利于作物生长(庄文化等,2007)。同时,保水剂具有吸附、离子交换作用,肥料溶液中离子能被保水剂中的离子交换,可减少肥料的淋失(黄占斌等,2016)。

宁夏中部半干旱偏旱区年降水量 250 mm 左右,降水主要集中在 7~9 月份。水分不足和年降水量分布不均严重限制作物的生长(Wang,et al.,2009)。由于该地区土地肥力瘠薄,气候干旱少雨,土壤沙化严重、保水保肥性能差,同时,在农业生产中仍存在用水效率不高、土壤肥力难以维持等突出问题(李小炜等,2016),导致作物单产水平很低,制约着当地经济的发展(廖佳丽等,2009a)。因此,抗旱保水和改善土壤肥力已成为该区提高宁夏当地优势特色作物生产力和农业可持续发展的重要选择。因此,项目分别在宁夏同心扬黄灌区和盐环定扬黄灌区,以马铃薯和春玉米为研究对象,主要开展保水剂的保水保肥效应及对马铃薯、玉米生长发育、养分吸收以及水肥利用效率的影响进行大田试验,研究其作用机制,探寻适合旱地马铃薯和玉米田保水剂的种类及最佳施用量,为宁夏旱地农业节水增产、提高水肥利用效率和现代高效节水农业的发展提供理论依据和技术支持。

第二节 保水剂的作用原理

干旱是制约我国农业生产与发展的一个重要因素,水资源的合理开发与利用迫在眉睫(王春芳等,2019)。我国是 13 个贫水国家之一,新型保水剂的研制和利用是提高我国水资源利用率的有效手段之一(李备等,2016)。保水剂是一种化学抗旱节水材料,可以提高土壤持水力,改良土壤结构,吸附土壤速效养分,减少养分的淋溶流失,实现保水保肥的作用(黄占斌等,2016)。保水剂是利用强吸水性树脂制成的一种具有超高吸水保水能力的高分子化合物颗粒剂。这类物质含有大量结构特异的强吸水基团,可吸收自身重量的数百倍至上千倍的纯水(Janardan and Singh,1998)。这些被保水剂吸附的水能够慢慢释放出来供土壤、植物利用,遇到外界来水时保水剂能够继续膨胀吸水,达到蓄水作用。由于分子结构交联,能够将吸收的水分全部凝胶化,分子网络所吸水分不能用一般物理方法挤出,因而具有很强的保水性。其溶于水后溶液呈弱碱性或弱酸性、无毒、无刺激性,使用时安全(庄文化等,2007)。因此保水剂在农业生产、水土保持和环境治理等方面得到广泛应用,发展前景广阔。

一、保水剂的研发历程与现状

保水剂的研制起源于20世纪中期,最初在美国研制成功后世界许多国家都致力于对其进行创新研究(赵元霞等,2016)。美国研制的淀粉型保水剂在玉米、大豆等作物应用后,引起各方面关注(Sojka, et al., 2006; Varennes and Torres, 2000)。其中日本研发速度最快,现已成为全球最大保水剂生产国,主要从事保水剂生产的20家公司年产量已达到10万 t。法国研制出能吸水500~700倍数的"水合土",在沙特阿拉伯旱区的土壤改良应用取得成功。俄罗斯研制出保水剂在伏尔加格勒用量100 kg/hm²,作物增产20%~70%。从20世纪80年代初,中国40余个研究单位陆续展开了保水剂的研究工作,目前有110余项保水剂专利,产品生产技术日趋成熟(赵元霞等,2016)。中国高分子保水剂研发和应用经历3次较大发展(黄占斌,2005)。首次是20世纪80年代,全国40多个科研院所开展研发,在植树造林和旱区土壤改良等方面得到应用。20世纪90年代后期,新型保水剂研制加快并得到广泛应用研究,使用范围也不断扩大,形成保水剂研发应用的第二次高潮。21世纪以来,随着气候变化、植树造林和抗旱节水等方面的加强,保水剂产品研发和应用到土壤改良、城市绿化和荒坡造林、水土保持、边坡治理、矿区废弃地复垦以及保水肥料等新型肥料研发等方面,形成保水剂研发与应用的第三次高潮,复合、多功能和低成本保水剂成为发展重要方向。作为一种化学节水技术,中国对保水剂研发和应用非常重视,国家"十五""十二五"计划、国家"863"节水农业重大专项将"新型多功能保水系列产品研制与产业化开发"列为重要研究内容(黄占斌和夏春良,2005;李寿强和关菁,2012)。

二、保水剂合成途径与产品类型

高分子保水剂的合成,主要是天然亲水性单体经交联剂和引发剂等助剂发生合成反应而成,其合成反应类型可分3种(黄占斌和夏春良,2005):接枝共聚反应、羧甲基化反应和交联反应。保水剂的合成方法一般有本体共聚法、溶液共聚法、反向悬浮聚合法和反向乳液聚合法,较先进的方法还有光辐射聚合法和保水剂的共混和复合。保水剂的成分因生产厂家和剂型而不同,主要成分有聚丙烯酸、聚乙烯酸、乙烯酸、异丁烯无水顺式丁烯二酸、淀粉聚丙烯酸、聚乙烯、纤维素、γ-2聚谷氨酸(γ-PGA)等高分子材料。目前,保水剂根据原料来源不同,现有保水剂产品一般分三种类型:第一种为高分子聚合物类,例如聚丙烯酸钠、聚乙烯酸、聚乙烯酰胺类等;第二种为天然高分子改性类,例如改性羧甲基纤维素、纤维素接枝共聚类等;第三种为有机/无机复合类,由黏土矿物与高分子树脂复合(黄占斌等,2007;李备等,2016)。

(一)合成聚合类

合成聚合类保水材料是1970年前后兴起的,是目前发展最快、种类最全、工业化批量生产最多的一类,改高吸水树脂种类很多,具代表性的有聚丙烯酸盐类和丙烯酰胺丙烯盐复合类等。其合成方法主要有水溶液法和方向悬浮聚合法。水溶液法在反应中存在热量不易散失、容易爆聚、出料困难等缺点,但是水溶液法过程简单、成本低廉、对环境污染小,是制备该类高吸水物质备受青睐的方法。

(二)天然高分子改性类

天然高吸水改性类保水材料研究较早,但因工艺繁杂、稳定性较差而迅速被其他方法超越。天然高分子改性类保水材料是由本身存在多个接枝位点且具有一定吸水能力的高分子材料改性而得到。淀粉类、纤维素类、腐殖酸类目前得到广泛研究。

(三)有机/无机复合类

1980年前后,诸多学者通过将高吸水树脂和其他材料复合来改善吸水材料的耐盐性、凝胶强度、保水性能等,有机/无机保水剂在此时期内得到了迅速发展。凭借具有表面羟基、可交换阳离子等特点的黏土矿物被用于和高分子聚合物复合,从而提高了吸水能力,降低了生产成本。该类工艺具有反应过程容易控制、反应物不粘容器、吸水倍率高、成本低廉等特点。

三、保水剂的作用原理

保水剂属于高分子电解质,它的吸水机理不同于纸浆、海绵等以物理吸水为主、吸水量小的普通吸水材料。保水剂的吸水是由于高分子电解质的离子排斥所引起的分子扩张和网状结构引起阻碍分子的扩张相互作用所产生的结果。这种高分子化合物的分子链无限长地连接着,分子之间呈复杂的三维网状结构,使其具有一定的交联度。在其交联的网状结构上有许多羧基、羟基等亲水基团,当它与水接触时,其分子表面的亲水性基团电离并与水分子结合成氢键,通过这种方式吸收大量的水分。在这一过程中,网链上电解质使得网络中的电解质溶液与外部水分之间产生渗透势差。在这一渗透势差作用下,外部水分不断进入分子内部。网络上的离子遇水电解,正离子呈游离状态,而负离子基团仍固定在网链上,相邻负离子产生斥力,引起高分子网络结构的膨胀,在分子网状结构的网眼内进入大量的水分。高分子的聚集态同时具有线性和体型两种结构,由于链与链之间的轻度交联,线性部分可自由伸缩,而体型结构却使之保持一定的强度,不能无限制地伸缩。因此,保水剂在水中只膨胀形成凝胶而不溶解。当凝胶中的水分释放殆尽后,只要分子链未被破坏,其吸水能力仍可恢复(李景生等,1996;介晓磊等,2000;尤晶等,2012)。

高分子保水剂具有吸水速度快、吸水倍数大的特点,主要是其含有大量羧基、羟基及酰胺基、磺酸基等亲水性基团,对水分有较强的吸附能力,对纯水的吸水倍数可达 400~600 倍;其次,保水剂的保水能力也很强,其保水方式有吸水和溶胀两种方式,以后者为主;此外,保水剂的释水性能也很好,可直接为作物提供较长时间供水。研究发现(王砚田等,1990),保水剂吸水力 13~14 kg/m²,植物根系对水的吸力达 17~18 kg/m²。因此,保水剂所吸持水分的 85% 以上可作为植物可利用水。试验证明(黄占斌等,2002),保水剂具有吸水和释水,再干燥和再吸水的反复吸水能力,保水剂的每次反复吸水,其吸水倍率可下降 10%~70%,最终失去吸水功能。

不同类型保水剂在保水特性方面,特别是对去离子水、自来水(电导率 0.8~1.0 s/cm)和不同离子溶液中的吸水倍数降低率、反复吸水性等方面有较大差异(黄震等,2010)。不同高分子材料的吸水原理基本相同,衡量保水剂性能的主要参数包括吸水倍数、吸水速率和保水能力(庄文化等,2007)。不同材料的保水剂在吸水倍数、吸水速率及耐盐性等方面都有差异,即便是同一种类的保水剂,性质也不尽相同。目前,市场上销售的保水剂材料主要以丙烯酰胺-丙烯酸盐交联共聚物及聚丙烯酰胺为主(赵元霞等,2016)。有机单体聚合保水剂(聚丙烯酸盐)在去离子水吸水倍数最高,在自然条件下有十几天的保水性能;淀粉聚合类保水剂成本较低易分解,适宜作物成苗等短时期的土壤保水;有机无机复合保水剂(凹凸棒/聚丙烯酸钠)、有机单体与功能性成分复合保水剂(腐殖酸型保水剂),反复吸水性和抗二价(Ca^{2+})和三价(Fe^{3+})离子特性明显,适合盐碱地和废弃地的土壤改良应用(黄占斌等,2016)。

第三节　保水剂对土壤理化性质的影响

我国大部分地区处于干旱和半干旱地区,发展节水农业是我国农业发展的必然趋势。高分子化合物作为一种新型保水抗旱材料在农业上得到了广泛的应用。保水剂由于其高吸水性和良好的保水能力,改善土壤团粒结构,降低土壤容重,增加孔隙度,抑制蒸发,达到保水效果,有效地满足了我国发展节水农业的要求,在农业生产中受到了越来越多的重视,具有广阔的应用前景。

一、保水剂对土壤物理性质的影响

保水剂自身有多种官能团,能与周边土壤发生各种物理化学反应而促进土壤结构改变,增加土壤的团聚体数量。保水剂直接作用土壤水分的效应为40%,其余效应为其提高土壤吸水能力,增加土壤含水量,保水剂改良土壤结构的效应则占其效应力的60%。正是该效应使土壤的容重下降、孔隙度增加,土壤的水、肥、气、热得到协调(黄占斌等,2016)。

(一)保水剂对土壤持水能力的影响

保水剂吸水性强,加入土壤后能提高土壤对灌水及降水的吸收能力。受土壤溶液中各种盐基离子及土壤颗粒对水分吸持作用的影响,保水剂常常达不到其在纯水中的吸水倍率。试验表明,在一定范围内土壤吸水能力随保水剂用量的增加而增加,但用量达到一定限度后,对土壤吸水能力的影响变得不明显。保水剂不仅能增强土壤的吸水能力,提高土壤的吸水速度,而且能缓慢释放出大部分水量,成为作物吸收利用的有效水;经测定,性能好的保水剂,90%以上的水能被作物吸收利用成为有效水,性能差的保水剂,有效水占吸持水分的比例为2/3左右,1/3左右的水分成为无效水(黄占斌等,1999)。

有研究表明, 在一定范围内保水剂的保水能力与其使用浓度呈极显著正相关。在土壤低吸力段(0~80 kPa),随保水剂用量的增加,土壤持水容量增大,从而增加了作物可利用的有效水;在相同含水率时,土壤水能态随保水剂用量增大而降低;但在相同水分能态下, 土壤含水率随保水剂的增加而明显增加(李云开等,2002)。由于土壤质地组成不同,持水量(有效含水量)的增加也有差别。保水剂与土壤以1:50混合, 细沙有效含水量比不加保水剂增加1倍以上,而壤土有效含水量增加50%(谢伯承等,2003)。蔡典雄等(1999)研究也表明,施用保水剂可提高土壤持水量。保水剂与土壤混合比例不同,持水量(有效含水量)的增幅也不相同。研究发现,保水剂与壤土混合比例为1:50时,土壤有效含水量由不加保水剂时的15.67%增加为23.77%;比例为1:100时,土壤有效含水量增加到19.63%,比例为1:500和1:1 000时,土壤有效含水量基本没有变化。

(二)保水剂对土壤水分的影响

保水剂的吸水持水性,使其施入土壤后能大幅度提高土壤对水分的吸收能力, 使水"固化"在树脂网络结构中,起到保水的作用(李晶晶和白岗栓,2018)。李云开等(2002)认为,保水剂不仅能增强土壤的吸水能力,提高土壤的吸水速率,而且能缓慢释放出大部分水,成为作物吸收利用的有效水。有研究(袁普金等,2002;蔡典雄和赵兴宝,2000)表明,保水剂的使用效果与土壤水分含量高低有很大关系。有研究表明,土壤含水量与保水剂浓度呈正相关趋势,土壤含水量随着保水剂浓度的增加而提高(宋永莲等,2003;黄占斌等,2004;孙宏义等,2005)。吴德瑜(1991)研究表明,施用保水剂之后,可大幅提高土壤含水量,在干旱期间缓慢释放储存的水分,使种子、植株根系周围的土壤可利用水增加,显著抑制土壤水分蒸发消耗,减缓了旱情。蔡典雄等(1999)发现,当水势相同处于0~0.6 MPa时,0.2%~1.2%梯度的保水剂与沙土混合之后,土壤含水量随保水剂梯度增大而增大,土壤含水量较不施保水剂(对照)提高1.5~35.4倍。黄占斌等(2004)研究发现,将2%的保水剂与砂壤土或重壤土混合施用使砂壤土和重壤土的土壤含水量比对照分别高76%和69%,且保水剂吸收的水分有90%可供给作物直接吸收利用。陈宝玉等(2008)研究表明,向土壤中分别施入保水剂0.5%、1.0%、1.5%并混合拌匀,施入保水剂处理的田间含水率、自然含水率、毛管含水率、饱和含水率等均比对照有一定提高,且随保水剂的施用量增大而增大。

(三)保水剂对土壤容重的影响

保水剂施用于土壤之后迅速吸水膨胀,使土壤中分散颗粒黏结成块状,增加了土壤总孔隙度及非毛管孔隙度,使土壤容重降低(纪冰祎等,2018)。将不同用量的保水剂与土壤混合后,土壤毛管水饱和时的固、液、气三相组成发生了不同程度的变化,随保水剂施用量的增大,土壤液相组成比例(相当于毛管孔隙度)增加,固相、气相组成比例相对减少,土壤容重明显降低。而总孔隙度增大,主要是增加毛管孔隙度(包括毛管孔隙和无效孔隙),即增大了毛管持水容量。保水剂保水供水的内在机制除了与其本身吸水较多有关外,其吸水膨胀后对土壤孔隙性的改善,尤其是提高毛管孔隙度也有重要作用。

施用保水剂后,随保水剂用量增加,土壤容重下降,总孔隙度和毛管孔隙度则呈上升趋势。高超等(2005)将聚丙烯酸钾盐型保水剂施用在红壤上发现,因为保水剂吸水膨胀,使土壤也发生膨胀,变得疏松,孔隙度增加容重降低,土壤容重随着使用保水剂量的增加,降低的程度增大。何传龙等(2002)用新型抗旱保水剂处理在砂姜黑土上发现,土壤容重下降13.5%,毛管持水量、总孔隙度分别提高18.3%、9.4%;高有机质砂姜黑土容重下降9.6%,毛管持水量、总孔隙度分别提高9.1%、6.3%;盐碱土容重下降23.8%,毛管持水量、总孔隙度分别提55.2%、23.5%;黄棕壤容重下降9.7%,毛管持水量、总孔隙度分别提高28.6%、8.5%。龙明杰等(2002)通过试验也得出类似结论:各保水剂处理的土壤容重均比对照减小,减小幅度为4.9%~11.3%;土壤坚实度减小范围达52.4%~113.8%。施入保水剂后也使土壤总孔隙度有大幅度增加,提高幅度为7.5%~15.5%,非毛管孔隙比对照提高9.1%~37.9%,较好地改善了土壤的通气性和透水性;毛管孔隙度比对照增加7.3%~11.9%,显著提高土壤吸水能力(刘瑞凤等,2005;林文杰等,2004)。

(四)保水剂对土壤蒸发的影响

保水剂具有明显抑制蒸发、保持水分的效果。其原因可能有以下两方面:

一是保水剂改善了土壤孔隙的组成,毛管上升水被团粒间的毛管孔隙吸持而减少,同时它还与团粒内非毛管孔隙增加而切断表面土毛管联系相关;二是由于聚合电解质的作用,影响水分形态,使其发生变化,降低水压,从而降低土壤水分的蒸发强度,增加土壤的持水量(张国桢等,2003)。黄占斌等(2004)证明,保水剂可改变土壤孔隙的组成,降低土壤不饱和导水率,使表层土与下层土的水势梯度变陡,减缓了土面蒸发(王志玉等,2004)。

在干旱胁迫的条件下,保水剂的浓度越大,抑制土壤水分蒸发的能力越强,但随着时间的延长,不同含量的保水剂抑制土壤水分蒸发的差异会变小(安琪和李红影,2011)。也有研究认为,施用保水剂对土壤蒸发没有明显影响,反而在轻壤土和重壤土中施加保水剂之后累积蒸发量有所增加(张富仓和康绍忠,1999),而且肥料能够降低保水剂抑制土壤蒸发量的能力(李继成等,2008;Yu,et al.,2012)。赵霞等(2013)经过大田试验对比发现,保水剂结合播后镇压及秸秆覆盖能够有效抑制土壤水分蒸发。也有研究发现,保水剂与生物炭结合能够有效地抑制土壤水分的蒸发并增强土壤的保水效果、降低土壤水分蒸发速率(程红胜等,2017)。李兴等(2012)把不同粒径的保水剂对土壤的蒸发过程进行了比较,发现保水剂与土壤水分蒸发间的关系不受粒径大小的影响,但马生丽等(2012)通过试验得出,较小粒径的保水剂更能抑制水分的蒸发,而且水分的稳定蒸发期随着保水剂用量的增大而变长。对于以上这几种观点的不一致,可能与在试验设计中选取保水剂的粒径大小范围不同有关。

(五)保水剂对土壤入渗的影响

在土壤中加入保水剂不仅能有效提高土壤对灌水和降水的吸收,提高土壤的持水性,而且还能提高土壤的入渗率,加快土壤的吸水速度,以及降低土壤水分的蒸发损耗,防止因土面蒸发而造成的土壤水分损失。员学锋等(2005a)用入渗透仪法测定了轻壤土、中壤土和重壤土3种土壤加入1%BP保水剂后土壤饱和导水率。研究结果表明,3种土壤加入BP保水剂使土壤饱和导水率降低1个数量级左右,其原因是在溶胀过程中体积膨大使土壤中大孔隙不断减小而使土壤饱和导水率逐渐降低。龙明杰等(2002)根据试验得出,施用聚丙烯酰胺的土壤渗透系数比对照增加,土壤结构的改善使土壤的孔隙增多,从而也使其渗透性增强,因而可减少降水或灌溉时的地表径流,并使水土流失降低。另外亦有试验研究(员学锋等,2005a)表明,在土壤中加入聚丙烯酰胺浓度为 1/10 000 时可以增加土壤入渗速率,当聚丙烯酰胺以 4/10 000 和 8/10 000 的比例与土壤混合时,土壤的稳渗速率大幅度降低,二者分别较对照土壤的稳渗速率减少 65.9% 和 88.2%。

刘亚敏等(2011)研究了层施保水剂用量对水分入渗特性的影响,结果表明保水剂对水分有阻渗作用,且施用量越大,阻渗作用越强;在降水较少时,保水剂吸水保持水分,减少蒸发,但当降水强度较大时,保水剂大量吸水,使土壤孔隙状况发生改变,产生阻渗作用,减弱水分的下渗。黄占斌等(2002)研究表明,含 0.1% 保水剂土壤第一次、第二次降水中土壤水分最终入渗率分别提高 43% 和 44%。王慧勇等(2011)研究结果表明,混施保水剂不同程度上减小砂质土壤水分入渗率、累积入渗量和湿润锋运移距离;保水剂混施用量越多,入渗率的降低程度越大,累积入渗量和湿润锋运移距离越小。白文波等(2010)研究结果表明,层施和混施保水剂都能不同程度地增加土壤入渗。层施保水剂对土壤入渗增加的效应有限,浓度过高不仅会抑制土壤入渗,而且抑制效应会随着保水剂浓度的进一步增加而加剧;但混施条件下保水剂可使土壤累积入渗量 120 min 内增加 1.1~2.1 倍,且土壤入渗的增加与保水剂浓度呈正相关。

（六）对土壤团粒结构的影响

施用保水剂可增加土壤团粒结构的百分率,增加孔隙的比例(黄占斌等,1999;刘春生等,2003),在红壤中也有相似的变化趋势(高超等,2005)。然而,当保水剂用量超过某临界值时,团粒含量下降,土壤结构可能遭到破坏(杨红善等,2005)。添加的保水剂高分子链结构可增强易分散微粒间的黏结力,使微粒能够彼此黏结,团聚成水稳性团粒,从而引起粒径组成的变化,形成较大团粒结构(庄文化等,2007)。大量试验研究证明,在土壤中加入高分子保水剂有利于土壤团粒结构的形成,特别是大于 1 mm 的团聚体比例增长迅速(黄占斌等,2004;张国桢等,2003;员学锋等,2005b)。而且随着保水剂用量的增加,土壤团聚体的含量提高,但并非呈线性关系。当土壤中保水剂含量小于某一值时,随着加入量的增加,团聚体含量明显提高。王正辉等(2005)研究聚乙烯醇对砂土的作用后发现,土壤中的团粒数从 6.7%~63% 增至 7.5%~79%。周岩(2011)研究保水剂对土壤结构性能的影响结果表明,随营养型抗旱保水剂用量增加,保水剂对砂土>0.25 mm 粒径团聚体的影响显著,并随用量增加而增大,对砂壤土团聚体含量也有所提高。黄占斌等(2002)试验表明,保水剂对0.5~5.0 mm 土壤粒径的大团粒形成效应明显,经过比较发现,保水剂添加土壤 0.005%~0.010%量使土壤团聚体增加效果最明显。保水剂对土壤团粒结构的形成有促进作用,特别是对土壤中 0.5~5.0 mm 粒径的团粒结构形成最明显(李云开等,2002)。

(七)保水剂对土壤温度、pH 值的影响

保水剂能够吸收大量的水分,对土壤温度的升降有一定的缓冲作用,因此保水剂可在不同的气温下调节土壤温度,提高作物的抗旱性能,促进作物的生长(纪冰祎等,2018)。已有试验表明,在土壤中施用不同种类的保水剂后,对地表以下不同深度的温度变化进行观察,发现保水剂均能够有效地调节地温, 能够起到稳定土壤温度的作用 (陈宝玉等,2008)。方锋和黄占斌(2003) 在陕西延安地区的试验中发现, 在田间使用保水剂可提高土壤温度1.5~2.5℃,在全生育期增加有效积温 200~300℃。但保水剂的不同种类以及不同施用方式对调节土壤温度的差异并不明显 (周东果等,2011;杜社妮等,2012)。在砂壤土上进行试验表明,6 d 内保水剂处理的最高地温比对照低3℃,最低气温比对照却高 1.5℃,地温日变化量比对照缩小近 5℃(李云开等,2002)。另外一些研究也表明,施用保水剂能使地温的日变化量缩小(李秋梅等,2000)。保水剂对土壤 pH 的影响研究尚有争议。有研究表明,在苗圃熟土与沙子按 2:1 比例混合的土壤中添加丙烯酰胺–丙烯酸盐交联共聚物保水剂,随保水剂用量的增加 pH 稍微减小,几乎无影响(陈宝玉等,2008)。有研究认为,合适用量的保水剂能显著降低碱性土的 pH(魏胜林等,2011)。有研究也发现,保水剂的施用使土壤向碱性方向变化,而且随保水剂用量的增加,土壤 pH 逐渐增大,在保水剂用量大于 0.1%时增大趋势更加明显(杨红善等,2005)。由于保水剂的生产材料和性质的一些差别,土壤 pH 增加趋势可能会有所不同。刘春生等(2003)研究表明,KD–1 型抗旱保水剂对土壤酸碱度的影响作用不明显。

二、保水剂对土壤化学性质的影响

(一)保水剂对土壤养分的影响

保水剂具有吸收和保蓄水分的作用,可将溶于水中的化肥等农作物生长所需要的营养物质固定其中，在一定程度上减少了可溶性养分的淋溶损失，达到节水节肥、提高水肥利用率的效果（庄文化等，2007）。百喜草栽培中土壤添加保水剂，土壤营养元素淋溶损失减少明显（陈晓佳等，2004）。模拟试验表明（安娟等，2013），保水剂有削减径流和抑制产沙的作用，淋溶液中总氮和总磷流失量分别较对照减少 28.9%和 26.6%。Sojka，et al.，（2006）发现，在土壤中施入保水剂能够促进土壤中微生物活动，提高土壤养分的利用效率。员学锋等（2005a）通过室内模拟试验发现，淋溶过程中保水剂处理的土壤淋溶液中 PO_4^{3-}、K^+、NO_3^-的含量均远低于对照。马焕成等（2004）在森林土壤中进行试验，结果表明施加保水剂后，氮钾流失量大幅度减少，同时随着保水剂施用浓度的增加土壤中养分淋溶损失量愈少。因此，保水剂的使用能够提高肥料利用效率，具有很高的社会效益、经济效益和生态效益。

（二）保水剂对肥料利用效率的影响

在土壤中加入保水剂能提高土壤对肥料的利用率，减少养分的淋失，起到保肥的作用。化学氮肥的铵离子等官能团被保水剂上离子交换或络合，在植物根系量作用下缓慢释放，提高氮肥利用效率（黄占斌等，2016）。黄震等（2010）试验表明，不同类型保水剂对氮素（硝态氮、铵态氮和尿素）保肥效果差异很大，尿素等非电解质肥料与保水剂混用保肥效果都较好。保水剂在氮肥溶液中吸水倍数降低，且随氮肥浓度增大而降低（宫辛玲等，2008）。杜建军等（2007）研究结果表明，尿素氨挥发量显著降低，并随着保水剂用量的增加效果更加明显，加入 0.05%~0.20%的保水剂时，氮、磷、钾养分累积淋失量分别较不施保水剂处理减少 13.6%~39.6%、17.0%~28.3%和 6.8%~24.6%。研究表明（李嘉竹等，2012），尿素等非电质肥料与保水剂等材料混施，能很好地发挥二者的协同作用，实现土壤水分和氮肥最佳耦合，较常规施肥提高水分和氮素利用效率 110%和 39%以上。姚建武等（2010）研究结果表明，施用保水剂处理 0~30 cm 土层的氮肥淋失率从 26.2%降至 17.1%，氮肥淋失减少 34.7%。岳征文等（2011）发现，复合保水剂与同营养型的混合肥料处理相比，提高氮素表观利用率可提高 0.2~1.9 倍，磷素表观利用率可提高 0.23~2.0 倍。因此，保水剂对土壤中的养分起保蓄作用，提高养分的利用率，从而减缓了传统农药及化肥对环境的污染，有益于净化环境。

（三）保水剂对土壤酶活性的影响

土壤酶参与土壤各种生物化学过程中,对土壤有机质的矿化和营养元素的循环具有非常重要的作用,与环境质量和作物生产力密切相关（包开花,2015）。不同粒度的保水剂均能降低土壤过氧化氢酶活性,增加土壤蔗糖转化酶活性;中粒、粉末状的保水剂均能提高蛋白酶的活性;大粒、中粒保水剂能提高多酚氧化酶活性;中粒保水剂能增加土壤脲酶活性（崔娜等,2010）。邢世和等（2005）研究发现,石灰、粉煤灰、白云石和废菌棒4种保水材料施入土壤后,都能不同程度地提高土壤过氧化氢酶、脲酶、磷酸酶和纤维素酶活性。相关研究发现,保水剂及其复合材料对土壤重金属元素的钝化固化效应与土壤pH、全盐、有机质、养分及土壤酶活性等变化紧密相关（黄占斌等,2016）。

（四）保水剂对土壤微生物的影响

适量施用保水剂对增大土壤孔隙有积极作用,因此可以推定对土壤微生物的影响有增加的趋势。过量施用保水剂破坏土壤结构,减小孔隙,则对土壤微生物可能产生消极影响。当土壤含水量降低到一定程度时,微生物数量就会大幅度下降（蔡艳等,2002）。有研究表明（Sojka,et al.,2006）,在保水剂高施用量条件下,微生物生物量比无保水剂条件下小得多。分析原因是保水剂使得微生物与土壤颗粒紧密结合,或者微生物之间结合紧密,从而抑制了微生物的增长。该研究还表明,多年连续施用保水剂与每年的用量和总用量有关。在高水平保水剂施用条件下,微生物生物量差异不显著。这可能与过量施用保水剂减少土壤孔隙有关。

第四节　保水剂对作物生长影响及在农业上应用

保水剂的作物生长效应与其应用方法有关。保水剂可直接作为种子包衣材料,促进种子发芽;采取土壤穴施或沟施应用保水剂,可明显改善植物的根际土壤水分环境,形成干湿交替或植物部分根系受旱,受旱根系产生一种植物受旱信号——植物激素,减少蒸腾而产生植物生理节水效应。作物生长发育过程中在土壤干湿交替或者部分根系受旱时,会产生生长补偿效应来弥补产量减少（李志军等,2005）。

一、保水剂对作物生长发育的影响

(一)对作物出苗的影响

保水剂应用于播种,可有效促进种子的萌发,提高种子的出苗率。何传龙等(2002)通过试验发现,小麦田在土壤含水率16%时,对照出苗明显受到影响,而新型抗旱保水剂处理则能出全苗,当土壤含水率降至12%时,不论对照还是新型抗旱保水剂处理小麦都不能出全苗,但新型抗旱保水剂处理小麦出苗率明显高于对照。王志玉(2004)研究结果表明,经高吸水树脂包衣处理的大豆出苗期提前12~24 h,出苗率提高4.6%~27.3%。李建设等(2010)研究发现,不同质量浓度保水剂对黄瓜幼苗生长、生理指标等均有不同程度的促进作用。保水剂在一定范围内可以促进黄瓜幼苗生长,提高秧苗质量和生理活性。杜建军等(2006)结果表明,施用保水剂的各个水平在幼苗植株鲜重上均较对照有不同程度的增加,若保水剂用量过高,虽持水、保水作用增加,且可延长植株萎蔫时间。但由于通气孔隙减少,不利于幼苗生长。崔娜等(2011)研究结果表明,不同粒度的保水剂与土壤拌施能提高番茄幼苗的株高、茎粗、单位面积叶片重、根茎叶的干鲜重,能够提高壮苗指数,促进番茄幼苗功能叶的光合作用,使番茄幼苗功能叶的叶绿素含量和净光合速率均提高。

(二)对作物生长及产量的影响

保水剂种类、粒径、施用量不同,对植株生长影响效果不一(黄占斌,2005)。王志玉(2004)研究结果表明,两种树脂(二元接枝共聚物SA和三元接枝共聚物SAM)包衣都表现出促进大豆早期营养生长的作用,使其生殖生长期的净光合速率均高于对照,有利于作物光合产物的积累,并提高了其生殖生长期的水分利用效率。张蕊等(2012)研究结果表明,沟施、混施、撒施保水剂促进了春小麦根系向深层土壤分布,增加了根系及总生物量,较对照分别增产22.6%、16.3%和8.0%。在相同土壤条件下,施用适量的保水剂,可促进甘蔗生长,增加生长后期的青叶片数,增强光合作用,促进糖分积累,提高单产和糖分,能提高经济效益,幅度达14.04%(罗维康,2005)。

杨晓昀等(2005)研究结果表明,采用抗旱保水剂500 g拌冬小麦种子20 kg可使翌年3—7月不同耕层土壤含水率较对照提高1.5%~3.0%,冬小麦产量较对照增产10.9%。黄占斌等(2002)在田间试验发现,穴施15 kg/hm² 保水剂处理的玉米和马铃薯分别增产 22% 和 16%，投产比为 1:3.5 和 1:4.2。小白菜盆栽试验发现，在其他条件相同情况下，分期施入保水剂处理比对照产量有很大提高（杜建军等，2004）。保水剂的施用能有效提高玉米的生物量（马焕成等，2004；刘世亮等，2005），可使玉米、辣椒和大豆在低水条件下干物质的水分利用效率分别提高 63.6%、47.0% 和 27.8%（黄占斌等，2004），且施用保水剂有利于辣椒形成壮苗，增加分枝，提高生物产量和保持土壤水分，提高干旱区有限水分利用率（方锋等，2004）。李磊等（2011）研究结果表明，抗旱剂与保水剂能够显著增加棉花产量，增幅分别为 2.6%、29.7%，提高棉花对土壤水分的利用效率，增幅分别为 2.1%、29.8%。因此，在实际应用中不仅要慎重选择保水剂种类，还要考虑适宜的粒径，确定最佳施用量，在保证产量的同时，兼顾经济效益，以达到节水高效生产的目的（黄占斌等，2005）。

二、保水剂在马铃薯生产中的应用效果

施加保水剂对马铃薯生长的土壤环境有很大影响。有研究表明，保水剂的施用能提高土壤的持水性能，改善土壤理化性质，增加土壤微生物的数量、活动及土壤酶活性，进而起到保水保肥、疏松土壤、促进马铃薯生长发育的效果（李建玲，2006；刘殿红，2006）。

（一）马铃薯生长土壤环境

适宜的保水剂用量可调节土壤中固、液、气相，从而提供植物根系良好的物理环境。马铃薯在不同生育时期施用保水剂同样会对土壤环境的持水性能产生不同的影响。研究表明，马铃薯生长前期，土壤含水率随保水剂用量的加大而增加，而在生长后期，则呈现出相反的规律，随保水剂用量的加大，土壤含水率减小（张扬等，2009；杜社妮等，2007a）。李倩等（2013）通过对旱作马铃薯的研究证明，在单施保水剂处理下，土壤含水率较对照高出 20.7%，这主要是因为保水剂施入土壤后发生溶胀，体积不断增大，土壤大孔隙不断减少，但毛管孔隙逐渐增加。同时还表明，施用保水剂可有效提高土壤含水量，但这是以保水剂适宜的用量为前提条件，当保水剂超过一定用量后，施用量越大土壤水势越低，水分有效性也会降低，进而不利于马铃薯生物量积累及水分利用效率的提高。

（二）马铃薯出苗

保水剂合理施用量可缩小地温的日较差,有利于马铃薯的出苗(赵永贵,1995)。前人通过其他作物的试验表明(王玉明等,2009),保水剂可提高发芽率和出苗率。李建玲(2006)研究表明,在不同保水剂处理下,马铃薯出苗天数比对照提前 2~3 d,并且出苗率比对照高 1.1%~3.6%,不同处理下保水剂出苗率比对照高出的百分比不同。廖佳丽等(2009b)通过试验证明,当多功能保水剂施用量在 30 kg/hm² 时,保水效果最好,且保水剂出苗最早为 18 d,比对照提前 4 d,并且幼苗的长势良好。黄伟等(2015)研究表明,穴施保水剂能够促进马铃薯早出苗、早成苗,其出苗率和成苗率较对照分别提高 22.3%和 3.9%。

（三）马铃薯生长及产量

在马铃薯水分亏缺条件下,保水剂吸收保存的水分可及时地供应到马铃薯根系,促进马铃薯的生长(介晓磊等,2000)。保水剂能够通过和氮肥的交互作用提高马铃薯的光合速率,延长光合时间,进而强化马铃薯的光合能力,增加干物质积累(俞满源等,2003)。黄伟等(2015)研究表明,不同方法下施用保水剂,块茎膨大期施用保水剂处理与块茎形成期同处理相比,单株干物质增加量为 25%~54%, 保水剂可以促使薯块质量增加, 进而促进干物质积累增多,淀粉积累期保水剂对马铃薯干物质积累也有一定的促进作用。保水剂增加马铃薯干物质的效果因保水剂的种类、用量及生育时期的不同而不尽一致。张扬等(2009)研究表明,在马铃薯苗期沃特保水剂在用量为 60 kg/hm² 时可极显著地提高马铃薯的生物量, 而在淀粉积累期聚丙烯酰胺施用量达到9 kg/hm² 时才会有显著增产效果,但施加量超过 15 kg/hm² 时,其增产效果反而会降低。保水剂与氮肥共同施用有助于马铃薯产量的提高。俞满源等(2003)证明,保水剂的施用有助于提高马铃薯植株对氮肥的利用能力,保水剂与氮肥配施可使花期生物累积量增加 46.7%~98.8%,马铃薯块茎产量增加75.0%~108.3%,延长马铃薯茎叶生育时期 14~15 d,促进马铃薯的根系生长,提高马铃薯光合利用率。而在马铃薯现蕾阶段,单独使用氮肥马铃薯干物质增加速度要高于保水剂与氮肥混合施用, 说明保水剂对氮肥有缓慢释放的作用。

保水剂的作用同时体现在马铃薯干物质分配方面。干物质分配主要受马铃薯根土水肥环境的影响,保水剂作为一种土壤改良剂可以很好地协调土壤环境因子的关系。研究表明(李建玲,2006),在适当的条件下施用保水剂能够提高地温并且起到保水作用,保水剂的施用对马铃薯生育前期营养生长特别有利,并且能够优化马铃薯的根冠比,而在生育后期同样营造了良好的土壤环境,有利于后期马铃薯块茎的形成和产量的提高。

三、保水剂在玉米生产中的应用效果

在旱作玉米生产过程中,由于降水年内分布极不均衡,生育前期干旱胁迫成为限制旱地玉米生长的主要因素;玉米生长后期降水相对充足但对产量影响较小。保水剂为高吸水性聚合物,能迅速吸收比自身重百倍甚至上千倍的水分,并且具有反复吸水的功能。施用保水剂在玉米前期缺水阶段可根据作物需求释放水分,缓解干旱胁迫,因此保水剂的应用成为提高旱地玉米产量的有效措施(刘礼等,2020)。

(一)玉米出苗

利用保水剂的保水和吸盐性能,在播种期墒情不好的情况下,施用保水剂能提高半干旱地区盐渍化土壤玉米出苗时间和出苗率(许紫峻等,2017;吴阳生等,2019)。冯金朝(1993)等研究发现,当保水剂施用浓度为 0.1%~0.4% 时,全部玉米种子基本都可萌发出苗,但当保水剂施用浓度大于 0.5% 时,对玉米种子萌发会有不利的影响。谭国波等(2005)研究发现,吉林省乾安县淡黑钙土表层 0~7 cm 土壤持水量达到田间持水量的 40% 时, 玉米出苗率达 18.8%,当土壤持水量达到田间持水量的 45% 时,玉米出苗达到 100%;但施用保水剂后,上述两种土壤上种植的玉米均不能出苗,这可能是由于玉米播种时采用坐水播种,土壤水分相对不足,保水剂在种床部位与种子争水,进而影响种子的出苗。保水剂能显著提高旱地玉米出苗率及幼苗成活率(王洪君等,2011;田露等,2013)。

(二)玉米生长

保水剂可促进玉米生长发育,对玉米株高、叶面积指数、光合能力以及地上部、根部生物量的累积等均具有明显的促进作用(Yazdani,et al.,2007;Egrinya,et al.,2013;Dorraji,et al.,2015),提高了玉米水肥利用效率(刘世亮等,2005;Jiang,et al.,2010;赵霞等,2013)。何腾兵等(1997)发现,当模拟干旱的条件下,施加保水剂会在一定范围内影响玉米的主要经济性状,且不同土

壤质地也会产生不同的效果，当过量施加保水剂该效果将会减弱。Islam,et al.,(2011)发现,在亏缺灌溉条件下,施用保水剂的玉米株高和叶面积分别显著增加41.6%和79.6%。刘礼等(2020)研究表明,保水剂对玉米苗期和拔节期的形态和生理指标的影响显著,而对生育后期的影响不显著。这是因为施用保水剂能有效缓解玉米生长前期的干旱胁迫,有效地改善植物营养状态和玉米的光合能力,显著提高玉米苗期、拔节期的叶面积指数、叶绿素含量、净光合速率、蒸腾速率及地上部干物质累积量,同时玉米株高、穗位高、茎粗、单株叶面积、相对叶绿素含量、叶面积指数、穗位系数与茎粗系数均有不同程度的提高(金忱,2020)。

（三）玉米产量与水肥利用效率

胡芬和姜雁北(1994)等认为,保水剂(KH841)对玉米生长有促进作用,单株叶面积和干物重都比对照显著增加,产量提高19.6%~25.0%,水分利用效率提高23.1%~25.2%。但保水剂的使用量过多,会对玉米产量不利(刘效瑞等,1993)。冯金朝等(1993)研究发现,保水剂的施用范围在0.1%~0.3%浓度进行处理玉米增产效果明显, 当在田间施用7.5 kg/hm²、15 kg/hm²保水剂条件下,玉米增产平均达15.9%。张丽华等(2017)研究结果表明,保水剂处理能显著提高玉米株高、单穗质量、千粒质量和产量。在半干旱地区盐渍化土壤施加保水剂,能提高玉米出苗率,改善水分亏缺期土壤含水量、提高地上及地下部干物质量、光合性状,促进玉米生长发育,改善产量构成因素,进而提高玉米产量和籽粒品质(吴阳生等,2019)。由于保水剂蓄水保肥的特性,其与氮、磷肥配施后对玉米的生物量、水肥利用效率明显提高(苟春林等,2011;李永胜等,2014)。迟永刚等(2005)研究结果表明,保水剂+泥炭在两种水分条件下均能复合应用,可有效促进玉米生长和提高水分利用效率。

综上,保水剂对玉米生长有较明显的促进作用,主要表现为:(1)可以提高玉米出苗率、促进苗期的生长发育;(2)玉米抗旱能力提高,生长中萎蔫的出现时间得到延迟;(3)促进玉米植株地上部的生长,有机物的积累明显增加,株高增高,茎粗增加,光合作用面积增加,玉米整体保持在一个正常的新陈代谢水平;(4)对干旱地带的玉米生长有很明显的促进作用。这是因为:一是保水剂促进了植株的生长,使其器官、组织具有忍受干旱的能力;二是保水剂吸收水分后,在土壤中形成一个具有水分调节能力的"水库",对土壤中的水分含量起到了一定的缓冲作用,有利于植株的生长(李云开等,2002)。

四、保水剂在农业应用研究中存在的问题与展望

保水剂因具有吸水倍率大,保水能力强,无毒、无刺激等特性在农业上得到了广泛的应用,发挥着保持水土、防风固沙、抗旱节水、改良土壤、保肥增效等多种功能。保水剂作为一种有效的农艺节水措施具有广泛应用前景,因其理化性质和吸水性能特殊,对农业抗旱节水有很大帮助。但保水剂不是万能的,也不能将保水剂视为造水剂,必须在一定水分条件下进行使用。保水剂不是万能的,不能认为施用了保水剂就可以不用灌溉。因为保水剂必须在有水的情况下才能发挥作用。而且保水剂的用量也不是越多越好,必须控制在一定的用量范围之内,否则会适得其反。因此,保水剂的应用研究方面,还存在以下几个方面的问题。

(一)保水剂成本较高,缺乏统一标准

保水剂的研发生产中,各类企业采取的原料、技术方式和生产工艺均不相同,导致保水剂产品分子质量相差较大,保水性能和耐用时间也大相径庭。国家对保水剂的生产和售卖也缺乏统一的标准,有些甚至没有国家相关专利,因此市面上的保水剂质量良莠不齐。此外,保水剂生产技术虽然已经发展成熟,但在市面生产销售较多的一般仍为聚丙烯酸盐类保水剂,生产原料多为丙烯酸和淀粉以及其他成分,导致生产成本较大,流程长,产品价格较其他农资产品偏高。在农业生产上,成本较高,农户难以应用,且宣传推广力度较差,因此推广具有局限性,很难合理使用和大面积推广。因此,对于科学研究来说,一方面是需要研制出吸水速率更高,保水能力更强,耐用度更高,适应范围更广泛的保水剂产品,另一方面是减少生产中保水剂的无效原料和成本投入。

(二)缺乏对保水剂的系统综合研究

保水剂必须具备一定的降水量或者灌水量才可发挥效果,在干旱较为严重(年降水量小于 300 mm)的地方单纯使用保水剂效果并不理想,需配合其他农业灌溉设施进行配套使用。在农业实际应用中,保水剂的施用效果因当地气候特点不同,土壤质地、水分、盐分、离子类型存在差异,灌溉水量、降水量不同的地区也不尽相同,以及保水剂自身的类型和特性、施用的农作物的种类都会影响其保水性能,这导致影响保水剂实际效果的差异。

针对不同作物、气候、土壤类型、农业生产条件、灌水模式等系统的研究较少。而对于保水剂应用来说，多因素综合影响研究也较少，而且对适用保水剂的温度、降水量、地温相关的指标测定也尚不充分。有些地区因降水量低，土壤砂质、瘠薄、蒸发较快，单使用保水剂一种节水措施效果较差，必须结合旱作农业节水设施(喷灌、滴灌、覆膜灌溉等)配套使用效果较好；有些地区降水量中等偏上，适合雨养农业，可单施保水剂就可以达到节水增产的效果。当前，保水剂种类繁杂，应用效果受不同环境制约，很难取得一致具有代表性的结论。因此对上述因素进行系统研究是今后应用研究的重点，应结合不同地区、气候土壤差异、不同的保水剂和施用条件、配套的农业节水设施、灌水模式和不同的作物类型等进行广泛应用试验，探究适合当地气候和土壤类型、水肥条件、作物类型、灌水模式，且探究适合不同地区、不同作物类型的保水剂施用量、施用方法以及与不同的农艺措施、灌溉措施结合的研究，形成针对不同保水剂、不同地区和作物类型适合的应用范围和应用节水技术规范，这对今后保水剂的应用推广和不同旱作农业措施的结合方面提供理论指导，也对农业抗旱节水发展具有重要意义。

(三)缺乏保水剂对作物生长及水肥利用效率相关的研究

保水剂所吸收保持的水分是否可供给作物吸收，还受制于保水剂对水分的吸附能力和植物自身的水分生理特征。因此，要实现作物增产增效的目标，必须系统研究关于保水剂对作物的生长发育影响因素，以及施加保水剂对作物肥料和水分利用效率的影响。并综合当地的气候自然条件，作物对温度、水分的要求进行进一步阐明，以此确定保水剂的用量和适用范围。目前，针对作物不同生育期，对水分的需求、形态特征、光合特性、根系特性以及水分利用效率、肥料利用效率、产物转化分配以及对作物产量品质综合影响的研究较少。因此在不同地区、温度、降水、土壤环境下，针对不同作物类型施加保水剂进行应用研究试验尤为重要，也是保水剂应用研究需要解决的问题。

(四)缺乏保水剂经济作用范围研究

保水剂根据其特性决定其自身具有一定的经济效益使用范围。当保水剂用量过少时，无法达到预期的节水增产的效果，但如果施用量过大不但会增加生产成本，同时在土壤水分不足时保水剂会争夺作物的水分，导致水分供应的不足。保水剂可吸收保持水分，但无法制造水分，因此只能在一定土壤和水分条件下才可发挥保水剂本身的保水作用。在施用时,保水剂对当地的降水量或灌溉水量有一定的需求,如果当地过于湿润,施用保水剂与不施用保水剂作物产量收益相差不大,作用不大;如果过于干旱,单纯施用保水剂并不能达到抗旱效果,反而投入过大,同样会造成成本增加,甚至还有可能导致供水不足作物减产,造成更大的经济损失。因此在保水剂对农业的应用研究中,只针对保水剂的施用量、施用方式等研究是有局限性的,对使用效果较好的保水剂进行成本核算以及经济效益分析,估算其经济施入量,制定适宜投放区(可通过等降水量线进行划分区域)的相关规范,可对保水剂的推广使用提供科学依据。

(五)缺乏可降解保水剂与肥料间的相互作用关系的研究

以天然高分子为原料的可降解性保水剂已越来越受到人们的重视,但我国目前市场上的保水剂仍然集中在合成类上。同时也存在着降解缓慢或难以降解的问题。缺少对不同类型的保水剂与肥料间的相互关系的研究,导致对保水剂的应用只注重其保水性能,而忽视其作为缓释膜的应用。国外已做了不少相关的研究。如海藻酸钠类、聚氨基酸类、微生物等,而国内对这方面的研究还很少。因此,加强利用天然可生物降解的保水剂已成为当务之急。

(六)保水剂的生态安全性问题评价

在保水剂的生产制造过程中,部分保水剂所使用的反应物和溶剂可能存在一定毒性,因此在长期使用过程中,对环境和生物是否产生危害以及长期使用之后对生态环境是否存在破坏性;保水剂不易降解,长期在土壤中积累是否会造成不利影响,这类相关研究和报道较为缺乏,存在一定争议。在粮食作物、蔬菜、水果等园艺作物上使用保水剂,也尚未出现不良影响,且也未发现保水剂对人、畜、作物产生安全隐患。当今,国家大力支持绿色、有机、生态农业开发,对粮食安全、食品安全愈发重视。之后应对于保水剂的生产应用、环境生态安全、对人和作物的安全性、产品质量需进行系统性的研究和制定相关评价标准。

解决以上的关键问题,将会使保水剂这项节水技术得到更好地推广应用,从而形成以保水剂为中心的综合保水节水技术体系,也将会大大缓解我国目前农业水资源严重缺乏的问题,而且保水剂还可以防止土壤退化和荒漠化,提高粮食以及其他作物的产量,从而在一定程度上缓解粮食危机。

第二章 不同保水剂制成凝胶对土壤性状、马铃薯产量及水分利用效率的影响

马铃薯(*Solanum tuberosum* L.)是我国主要的粮食作物之一,其产量及种植面积仅次于小麦、玉米、水稻,在粮食生产中占有重要的地位(肖国举等,2015)。马铃薯性喜温凉、适应性强,与其他作物相比,具有较强的耐旱、耐贫瘠能力, 在干旱半干旱区农作物布局中, 占有举足轻重的地位 (刘殿红, 2006)。马铃薯作为宁夏回族自治区重要的粮食和经济作物,其种植面积占全区的80%以上,已成为该区"四大支柱产业"之一(廖佳丽等,2009)。宁夏中部半干旱偏旱区降水量少,降水年内分布不均、年际变化大,70%的降水集中在7~9月份,年蒸发量达1 050 mm,旱灾频发(杨金娟,2013)。旱灾严重影响作物的生长发育, 造成作物减产, 而马铃薯对水分亏缺非常敏感 (王婷等,2010)。因此,提高单产的突破口在于水,其解决途径在于发展旱作节水种植技术(杜守宇和杜伟,2008),如何应用蓄水保墒措施来提高作物生产力,是提高该区马铃薯产量的技术关键。利用高分子聚合物为保水材料达到节水增产目的是近年来迅速发展的一项农业新技术(侯冠男等,2012)。

保水剂作为一种交联密度很低、不溶于水、具有高水膨胀性且吸水力强的新型高分子材料,是良好的土壤胶结剂,既能改善土壤结构,促进团粒的形成,又能蓄水保墒。同时对土壤水分具有较好的抑蒸效果,可调节季节性降水分配,改善旱区作物生长的土壤水分环境,提高作物产量(孙凤英等,2013;秦舒浩等,2013)。相关研究表明(杜社妮等,2008;刘殿红等,2007),在干旱、半干旱的黄土高原区,保水剂能够促进马铃薯和玉米不同生育阶段的干物质积累及提高其水分利用效率,改善作物地上和地下干物质量的分配,促进作物产量的提高。保水剂施用量越大,土壤含水量越高,作物增产增收的效果越显

著。刘洋等(2015)研究表明,保水剂不同用量能够减缓土壤水分蒸发,增加土壤水分有效量,对干旱区或者土壤缺水条件下的植物生长具有重要作用。崔娜等(2011)在研究不同粒径保水剂对土壤物理性质的影响时发现,与干旱对照组相比,保水剂处理降低了土壤容重,提高了土壤总孔隙度。李继成等(2008)的研究发现,保水剂与肥料配施其土壤团聚体含量均较对照有显著提高,且保水剂用量越大,土壤团聚体含量越多。保水剂应用在马铃薯(卢会文等,2012)、黄瓜(陈海丽等,2006)等作物上可显著改善植株的农艺性状并且提高作物的产量和商品率。

干物质积累和养分的吸收直接影响作物的生长发育,从而影响产量。了解干物质与养分吸收动态变化规律,有助于采取有效措施调控作物生长发育、提高产量(Song and Li,2002)。关于对马铃薯植株体内氮、磷、钾吸收规律,也有较多的相关研究。刘克礼等(2003)认为,在整个生育期马铃薯各器官氮含量始终表现为叶片含量最高,其次为地上茎,块茎含量最低。高聚林等(2003)研究结果表明,磷元素在马铃薯植株中较为活跃,磷营养水平与马铃薯块茎膨大有密切关系,最终贮存在块茎中。盛晋华等(2003)研究发现,马铃薯对钾元素的吸收速率在块茎增长期达到高峰。以上均是针对保水剂不同类型、保水剂不同施用方式或保水剂结合其他保墒措施的研究,而对保水剂不同类型和不同用量的研究鲜见报道。同时,保水剂在马铃薯上的研究目前主要集中在对土壤水分、结构及生长方面,而对马铃薯干物质积累和养分吸收等方面的研究尚未见报道。

沃特保水剂采用纳米材料,引入了有机-无机接枝共聚技术,是目前成本较低并具有较强吸水能力的保水剂,具有吸水性好、改善土壤通透性、土壤水分含量减少时可缓慢释放水分等性能,同时可提高30%作物产量,应用前景广阔(杨永辉等,2006)。微生物保水剂是一种新型富含纳米级的生物菌种的多功能制剂,具有吸贮水分的性能,特别是与纳米级的微生物菌种高效复合,能降低肥料用量30%~50%,可有效提高肥料的利用率(杨遒,2008)。保水剂因种类、施用方式、施用量的不同,在不同地区保水剂对改善土壤物理性质和作物增产效果也不同,且目前保水剂结合当地气候和土壤等条件的使用技术还不够完善,使得实际应用中保水剂的保墒增产效果千差万别(杜社妮等,2012;黄伟等,2014)。本研究在同心县王团镇宁夏旱作节水高效农业科技园,以沃特保水剂和微生物保水剂不同施用量为对象,对两种土壤保水剂不同施用量制成凝胶改善土壤物理性状和马铃薯增产效果进行对比研究,探寻适合马铃薯田的保水剂种类、施用方式及最佳施用量,为宁夏中部干旱带扬黄灌区马铃薯生产中合理施用保水剂提供科学参考。

第一节　试验设计与测定方法

一、试验区概况

试验研究地点同心县王团镇,位于宁夏回族自治区中南部(36°51′N,105°59′E),地处宁夏中部干旱带核心区(黄土高原与内蒙古高原交界地带),地势由南向北逐渐倾斜,以山地为主,地形复杂,属于中温带干旱大陆性气候,半干旱偏旱区。该区干旱少雨,海拔约 1 200 m,年降水量 200~300 mm,80%保证率,≥10℃的积温约 3 000℃,热量充足、昼夜温差大、蒸发量大。多年平均日照 3 024 h,无霜期 120~218 d,平均日较差为 31.2℃,适宜玉米、马铃薯、瓜果蔬菜等作物种植。根据该园区试验研究期间年降水量可知,2013 年降水量为 191.2 mm,其中马铃薯生育期降水量为 144.9 mm,占全年的 75.8%(如图 2-1),可见,如何最大限度地保蓄生育期降水,是提高降水有效利用率

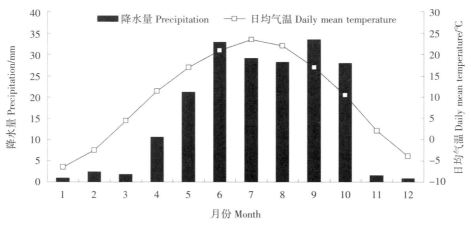

图 2-1　2013 年试验期降水量及日平均气温

和作物产量的关键。

该园区土壤质地为砂壤土,其土壤主要理化性质见表 2-1。马铃薯播种前耕层 0~30 cm 土壤有机质含量为 2.6 g/kg,碱解氮 47.9 mg/kg,速效磷 14.4 mg/kg,速效钾 198.3 mg/kg,pH 8.8,属低等肥力水平。

表 2-1　供试土壤的理化性质

深度 /cm	全氮 /(g·kg⁻¹)	全磷 /(g·kg⁻¹)	碱解氮 /(mg·kg⁻¹)	速效磷 /(mg·kg⁻¹)	速效钾 /(mg·kg⁻¹)	有机质 /(g·kg⁻¹)	全盐 /(g·kg⁻¹)	pH
0~30	0.65	1.026	47.9	14.4	198.3	2.55	0.756	8.79
30~60	0.24	0.876	45.8	14.4	151.7	1.31	0.742	9.06

注:数据分析来自宁夏大学农学院农业资源与环境实验室。

二、试验设计

(一)试验材料

保水剂因种类、施用方式、施用量的不同,在不同地区其对改善土壤性状和作物增产效果也不同。相关研究(杜社妮等,2007a;刘殿红等,2008;徐利岗等,2014)表明,在宁夏中部干旱区,沟施微生物多功能保水剂 60 kg/hm² 对油葵生长及产量的促进效果最为明显,而在宁南半干旱区,穴施 30 kg/hm² 沃特多功能保水剂,其经济效益显著,增产效果较好。不同作物施用保水剂的施用量不同,对旱地作物(特别是小麦和马铃薯)而言,保水剂施用量在 45~60 kg/hm² 时作物增产效果最佳,为鉴定两种不同类型保水剂施用量在宁夏半干旱地区的保水效果,从而进一步指导农民种植马铃薯。保水剂:(1)沃特保水剂,产自胜利油田东营华业新材料有限公司, 为有机-无机杂化保水剂, 吸水倍率 500~1 000,pH 6.0~8.0;(2)微生物保水剂,产自长沙圣华科技发展有限公司,为生物菌种多功能制剂,pH 6.7,吸水倍率 300~400。

马铃薯品种:冀张薯 8 号一级种,中晚熟,由固原市天启薯业有限公司提供。

(二)试验设计

于 2013 年 5 月—2013 年 10 月在宁夏回族自治区同心县王团镇高效节水农业科技园区进行试验。试验采样双因素随机区组设计。两种保水剂类型分别为沃特保水剂和微生物保水剂。保水剂施用量分别为 30 kg/hm²、60 kg/hm²、90 kg/hm²,以不施保水剂处理为对照,共 7 个处理(如表 2-2),3 次重复,小区面积为 26 m^2(6.5 m × 4 m)。

在不覆膜的基础上,保水剂按 1:100 比例与水制成凝胶,播种前 1 d 用保水剂对马铃薯进行浸种穴施(切块后的种薯放入保水剂凝胶中浸泡 12 h),并晾晒。穴播的播种穴长、宽均为 15 cm,深 10 cm,不同处理的播种深度均为 5~6 cm。

表 2-2　抗旱保水剂不同施用量(制成凝胶穴施)试验设计

区组设计	保水剂施用量/(kg·hm^{-2})		
	30	60	90
沃特保水剂	M2	M4	M6
微生物保水剂	N2	N4	N6
不施用保水剂	CK		

(三)田间管理

试验田前茬作物为春玉米,马铃薯薯块用草木灰拌种后,采用单垄单行种植,种植密度为 41 670 株/hm^2,行距 60 cm,株距 40 cm,播深 15 cm,用种量 1 800 kg/hm^2,于 2013 年 5 月 1 日播种、2013 年 10 月 3 日收获。宁夏中部干旱区春播作物苗期极为干旱缺水,且马铃薯对水分极为敏感,为保证马铃薯在干旱条件下出好苗、保全苗,达到增产增收,因此在试验地播种前 3 月初进行 1 次春灌,作物生育期不灌水。按照常规施肥,且各处理小区生长期间追肥、除草等管理措施均相同。施肥:尿素(N≥46%)210 kg/hm^2、重过磷酸钙(总磷 P$_2$O$_5$≥46%,有效磷 P$_2$O$_5$≥44%)225 kg/hm^2、硫酸钾(K$_2$O≥50%)120 kg/hm^2。追肥:于现蕾期追施尿素(N≥46%)90 kg/hm^2。田间管理:试验期间进行人工除草,并定苗结合中耕培土 2 次。

三、测定指标与方法

(一)土壤物理性状指标

1. 土壤容重

在试验处理前及马铃薯收获后,采用环刀法分别测定 0~30 cm 和 30~60 cm 层土壤容重,并计算土壤总孔隙度(鲍士旦,2003);土壤总孔隙度(%)=(1−土壤容重/土壤比重)×100,土壤比重取 2.65 g/cm³。

2. 土壤团聚体含量

在试验处理前及马铃薯收获后,按 S 形 5 点取土法在 0~30、30~60 cm 两个土层采集原状土样,带回实验室自然风干,沿土壤结构的自然剖面掰成直径约为 1 cm 小团块并剔除有机残体和石块,利用干筛法测定机械稳定性团聚体的粒级分布及稳定性(Kemper and Rosenau,1986)。

>0.25 mm 团聚体含量(鲍士旦,2003):$DR_{0.25} = \sum_{}^{n} (W_i)$

式中,$DR_{0.25}$ 为>0.25 mm 土壤团聚体含量,%;W_i 为对应粒级团聚体含量,%。

3. 土壤水分

在马铃薯播种期、关键生育期(7 月 20 日初花期、8 月 20 日块茎膨大期、9 月 20 日成熟期)及收获期,利用烘干法分别测定 0~100 cm 层土壤质量含水量。

土壤贮水量(李儒等,2011):$W = h \times a \times b \times 10$

式中,W 为土壤贮水量,mm;h 为土层深度,cm;a 为土壤容重,g/cm³;b 为土壤质量含水量,%。

作物耗水量(Wang,et al.,2009):$ET = W_1 - W_2 + P$

式中,ET 为作物耗水量,mm;W_1、W_2 分别为播种前和收获后土壤贮水量,mm;P 为作物生育期降水量,mm。

作物水分利用效率(Hussain and Al-Jaloud 1995):$WUE = Y/ET$

式中,WUE 为作物水分利用效率,kg/(hm²·mm),Y 为作物产量,kg/hm²;ET 为作物耗水量,mm。

(二)马铃薯生长指标

在马铃薯关键生育期(初花期、块茎膨大期、成熟期),每重复区随机选取 5 株测定作物株高和茎粗及地上部生物量。植株株高采用生理株高衡量,为地上茎基部到生长点的距离;主茎粗为近基部最粗处的直径。植株地上部生物量包括地上部茎、叶的总和。

在马铃薯播种后 60 d(现蕾期)和 80 d(初花期)采集马铃薯整株植株样(包括地下部根和地上茎、叶)5 株;将地下部根,地上茎、叶分开后装入样品袋,立即带回实验室置入烘箱,在105℃杀青,30 min后,在70℃条件下烘干至恒质量,称重。

(三)马铃薯植株氮磷钾含量的测定

在马铃薯播种后60 d(现蕾期)和80 d(初花期)采集植株地下部根,地上茎、叶(水平方向,以主茎为中心,整株取出,垂直方向30 cm),每小区取样5株,分别测定作物不同器官氮、磷、钾(N、P、K)养分含量。测定方法:植株全氮(N):H_2SO_4-H_2O_2消解-半微量蒸馏法;植株全磷(P):H_2SO_4-H_2O_2消解-钒钼黄比色法测定;植株全钾(K):H_2SO_4-H_2O_2消解-火焰光度计法(鲍士旦,2003)。养分积累量(g/株)=根干重×根养分含量+茎干重×茎养分含量+叶干重×叶养分含量+块茎干重×块茎养分含量。肥料利用效率(%)=某养分干物质积累总量/施肥纯养分量×100%。

(四)马铃薯产量

在马铃薯收获期,每重复区以实产进行测产,分别记录大(>150 g)、中(75~150 g)、小薯(<75 g)个数及重量,并计算大、中、小薯比重和商品薯率(谢奎忠等,2010)。商品薯率(%)=单薯75 g以上的产量/马铃薯总产×100。

(五)统计分析

EXCEL 2003作图,采用SAS 8.0分析软件对数据进行统计分析。

第二节　保水剂制成凝胶对土壤结构的影响

一、耕层土壤容重和土壤孔隙性状

由图2-2A可知,收获期不施保水剂处理(CK)的耕层(0~60 cm)土壤容重与播种前相比略有增加,增幅为1.7%~2.4%。两种保水剂施入土壤后,0~60 cm的土壤容重与播种前相比明显降低,且30~60 cm土层效果更好。例如,0~30 cm土层两种保水剂处理降幅为2.9%~7.0%,其中M6处理的降幅最大(7.0%);30~60 cm土层,两种保水剂处理降幅为5.8%~8.9%。两种保水剂对不同土层土壤容重影响不同。0~30 cm土层,沃特保水剂施用效果优于微生物保水剂,如M6和N6处理土壤容重分别高于CK处理9.0%和5.9%;

30~60 cm 土层,微生物保水剂优于沃特保水剂,如 M6 和 N6 处理土壤容重分别比 CK 处理增加 7.2%和 8.9%。

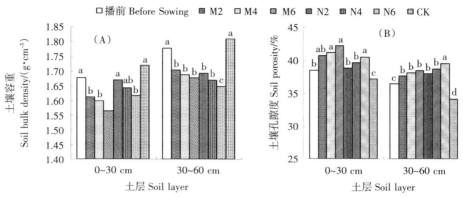

图 2-2　不同保水剂施用量下 0~60 cm 层土壤容重和孔隙度的变化

注:1. 播前为试验处理前,M2 为沃特保水剂 30 kg/hm²,M4 为沃特保水剂 60 kg/hm²,M6 为沃特保水剂 90 kg/hm²,N2 为微生物保水剂 30 kg/hm²,N4 为微生物保水剂 60 kg/hm²,N6 为微生物保水剂 90 kg/hm²,CK 为不施用保水剂。2. 同一层不同小写字母表示处理间差异显著($P<0.05$)。3. (A)为 0~60 cm 土层土壤容重;(B)为 0~60 cm 土层土壤孔隙度。

不施保水剂处理的土壤孔隙度比播种前略有下降(图 2-2B)。两种保水剂处理的土壤孔隙度均比处理前明显增加, 且在 30~60 cm 土层的施用效果优于 0~30 cm 土层。例如,在 0~30 cm 土层,M4 和 N4 处理土壤孔隙度分别高于 CK 处理 10.7%和 4.5%,而在 30~60 cm 土层,上述两种保水剂处理分别比 CK 处理增加 11.7%和 13.4%。两种保水剂对不同土层土壤孔隙度影响不同。在 0~30 cm 土层,沃特保水剂优于微生物保水剂,如 M6 和 N6 处理土壤孔隙度分别高于 CK 处理 13.7%和 9.1%;在 30~60 cm 土层,微生物保水剂优于沃特保水剂,如 M6 和 N6 处理土壤孔隙度分别比 CK 处理增加 12.5%和 15.5%。

二、耕层土壤团聚体数量及其分布

由表 2-3 可知,0~30 cm 土层,>5 mm 机械稳定性团聚体数量施用沃特保水剂效果优于微生物保水剂, 例如,M4 和 N4 处理分别高于 CK 处理 2.7 和 2.4 倍;而>0.25 mm 机械稳定性团聚体数量($DR_{0.25}$)施用微生物保水剂效果优于沃特保水剂, 如 M4 和 N4 处理 $DR_{0.25}$ 值分别比 CK 处理显著增加

21.5%和43.9%。大颗粒团聚体数量随土层的加深而明显增加,30~60 cm 土层>10 mm 机械稳定性团聚体数量均高于 0~30 cm 土层(表 2–3)。>5 mm 机械稳定性团聚体数量施用微生物效果优于沃特保水剂,M4 和 N4 处理分别高于 CK 处理 29.4%和 68.8%;>0.25 mm 机械稳定性团聚体数量施用沃特保水剂效果优于微生物保水剂,M2 处理比 CK 处理显著提高 13.1%,而 N6 处理比 CK 处理提高 7.8%。施用两种保水剂各处理 0.5~0.25 mm、<0.1 mm 机械稳定性团聚体数量比 CK 略有降低,但差异不显著。

表 2–3 不同保水剂施用量下 0~60 cm 层土壤团聚体粒径分布

单位:%

土层/cm	处理	团聚体粒级/mm								
		>10	10~5	5~2	2~1	1~0.5	0.5~0.25	$DR_{0.25}$	0.25~0.1	<0.1
0~30	M2	10.62b	10.26c	12.38a	7.94b	14.36ab	10.44b	65.99b	26.48a	7.52d
	M4	13.18a	11.70a	14.12b	6.68b	10.37c	7.28c	63.33b	14.53c	22.14b
	M6	4.92c	8.98b	14.59b	7.85b	13.91b	7.38c	57.63c	18.52bc	23.85b
	N2	14.55a	8.75b	12.48b	7.83b	14.18ab	8.58c	66.38b	21.09b	12.53c
	N4	9.53b	13.18a	18.78a	9.48a	16.07a	7.98c	75.02a	18.10bc	6.88d
	N6	5.74c	7.30b	12.08b	6.24b	11.83bc	18.18a	61.37b	24.75ab	13.88c
	CK	1.16d	5.50c	11.86b	6.82b	16.33a	10.46b	52.13d	18.39a	29.48a
30~60	M2	11.69b	13.08ab	18.58a	7.29a	10.36bc	5.12b	66.12a	12.42b	21.46b
	M4	21.29a	8.09c	10.56c	5.38b	10.63bc	6.83ab	62.78b	13.62b	23.60b
	M6	10.06b	11.91b	14.58b	7.98a	12.64b	7.50a	63.66b	14.61b	20.73b
	N2	10.55b	10.30a	11.97d	4.94b	16.67a	5.38b	59.81c	10.76c	29.43a
	N4	12.13b	13.55ab	11.10c	5.51b	10.59bc	5.88b	58.76c	19.92a	21.32b
	N6	8.17c	12.58b	17.98a	6.10ab	11.70c	6.36ab	62.90b	8.41d	27.69a
	CK	7.62c	9.79c	13.53b	6.91a	12.39b	8.23a	58.47c	13.79b	27.74a

注:1. M2 为沃特保水剂 30 kg/hm², M4 为沃特保水剂 60 kg/hm², M6 为沃特保水剂 90 kg/hm², N2 为微生物保水剂 30 kg/hm², N4 为微生物保水剂 60 kg/hm², N6 为微生物保水剂 90 kg/hm², CK 为不施用保水剂。2. 同一层同一列不同小写字母表示处理间差异显著($P<0.05$)。

第三节　保水剂制成凝胶对土壤水分的影响

一、生育期土壤蓄水保墒效果

由图 2-3 可知,与不施保水剂处理(CK)相比,施用两种保水剂均能有效改善马铃薯初花期 0~100 cm 土层土壤水分状况。施用微生物保水剂能显著提高 0~40 cm 土层土壤贮水量,例如 N6 处理较 CK 处理提高 68.1%,而施用沃特保水剂能明显提高 40~100 cm 土层土壤贮水量, 如 M4 处理较 CK 处理提高 11.1%。块茎膨大期,各处理土壤水分含量有所降低。两种保水剂各处理,相对于不施保水剂处理,能明显提高 0~100 cm 土层土壤贮水量。0~40 cm 土层,施用沃特保水剂能显著提高土壤水分含量,如 M6 处理土壤贮水量较 CK 处理提高 31.4%, 而微生物保水剂各处理 0~40 cm 土层的土壤贮水量明显降低,如 N2 处理较 CK 处理降低 9.9%。在 60~100 cm 土层,施用沃特保水剂各处理土壤贮水量均较对照显著,如 M6 处理较 CK 处理增加 36.1%,而施用微生物保水剂对深层土层的保水效果并不显著。9 月底,马铃薯进入成熟期,各处理土壤水分含量有所恢复。施沃特保水剂各处理,与不施保水剂处理

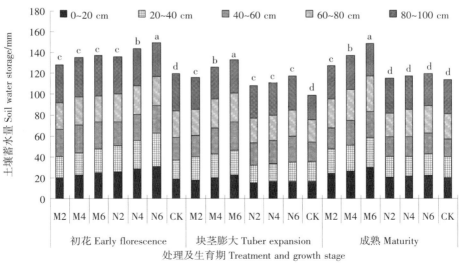

图 2-3　不同处理下马铃薯关键生育期 0~100 cm 土壤贮水量状况

相比,显著提高了 0~80 cm 土层土壤贮水量,而微生物保水剂各处理与对照无显著差异。例如,沃特保水剂 M2、M4 和 M6 处理 0~80 cm 土层土壤贮水量较 CK 处理提高 17.7%、29.4%和 45.4%,而施微生物保水剂各处与对照无显著差异。

二、马铃薯关键时期土壤贮水量变化

图2-4 是马铃薯关键生育期不同处理 0~100 cm 土壤贮水量变化。在马铃薯初花期,施用保水剂各处理 0~100 cm 土层土壤贮水量均高于对照,以施用微生物保水剂各处理增幅最为显著。N2、N4 和 N6 处理土壤贮水量较 CK 处理分别显著增加 12.4%、20.1%和 27.8%。

8 月中旬,马铃薯进入块茎膨大期,气温逐渐升高,土壤水分蒸发日益增多,耗水增加,降水相对偏少,各处理土壤贮水量有所降低。不同保水剂施用量,相对于不施保水剂处理能明显提高 0~100 cm 土层土壤贮水量。施用沃特保水剂 M2、M4 和 M6 处理土壤贮水量分别较 CK 处理显著提高 17.1%、26.4%和 34.4%。施用微生物保水剂 N2、N4 和 N6 处理土壤贮水量较 CK 处理分别提高 8.9%、12.3%和 18.1%。施用沃特保水剂 N6 处理和微生物保水剂 M6 处理对提高 0~100 cm 土层土壤贮水量效果最为显著。

马铃薯成熟期,不同处理土壤水分状况有所恢复(图 2-4)。沃特保水剂

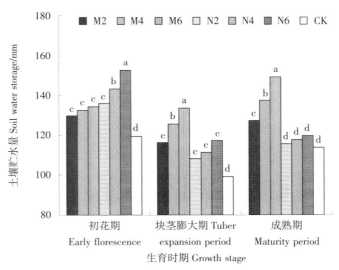

图 2-4 不同保水剂施用量对马铃薯关键生育期土壤贮水量的影响

不同施用量各处理相对于不施保水剂处理，显著提高了 0~100 cm 土层土壤贮水量。M2、M4、M6 处理分别较 CK 处理提高 12.0%、20.8% 和 31.2%，以 M6 处理提高幅度最大。可见，施用微生物保水剂改善了马铃薯生育前期土壤贮水量，沃特保水剂改善了生育中后期 0~100 cm 土层土壤水分状况，且随保水剂施用量增加而增加，以施用沃特保水剂 90 kg/hm² 保水保墒效果最为显著。

三、马铃薯关键时期土壤含水量垂直变化特征

马铃薯初花期，两种保水剂耕层（0~40 cm）土壤含水量差异与对照差异较大，40~100 cm 土层土壤含水量与其他各处理的差异随土层的加深逐渐减小（如图 2-5A）。0~40 cm 土层平均土壤含水量 N2、N4、N6 处理分别较 CK 处理显著增加 43.5%、46.2% 和 57.6%，而沃特保水剂各处理与对照无明显差异。40~100 cm 土层土壤含水量两种保水剂高于对照，但与对照处理无显著差异。

8 月 20 日测定马铃薯块茎膨大期不同处理下 0~100 cm 土层土壤水分垂直变化（图 2-5B），各处理 0~100 cm 土层土壤含水量随土层的加深呈先降低后升高的趋势。沃特保水剂各处理 0~100 cm 土层土壤含水量显著高于 CK 处理，而微生物保水剂各处理 0~40 cm 土层含水量明显降低，60~100 cm 土层含水量与对照无差异。M2、M4、M6 处理 60~100 cm 土层平均土壤含水量分别较 CK 处理显著增加 57.5%、60.8% 和 72.9%。马铃薯成熟期，不同处理 0~60 cm

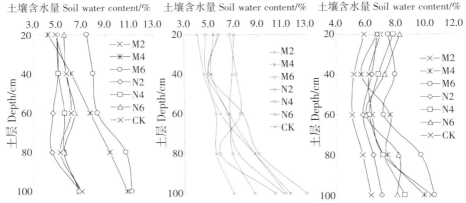

（A）初花期 Early florescence　（B）块茎膨大期 Tuber expansion period　（C）成熟期 Maturity period

图 2-5　马铃薯关键生育期不同处理下 0~100 cm 土层土壤含水量的垂直变化

土层土壤水分含量随土层的加深而降低,60~100 cm 土层土壤含水量有所回升(图 2-5C)。其中,沃特保水剂各处理 0~100 cm 土层平均土壤含水量均显著高于 CK 处理,而微生物保水剂各处理与 CK 处理无显著差异。M2、M4 和 M6 处理 0~100 cm 土层平均土壤含水量分别较 CK 处理显著增加 48.4%、50.6%和 58.3%。

第四节　保水剂制成凝胶对马铃薯生长及养分吸收的影响

一、马铃薯生物学性状

表 2-4 为不同保水剂施用量对马铃薯生物学性状的影响,不同处理下马铃薯关键生育期株高的变化呈先升高后降低的趋势。在马铃薯初花期,施用微生物保水剂各处理与 CK 处理差异显著,N4 和 N6 处理株高分别较 CK 处理显著提高 34.5%和 43.8%,而在马铃薯膨大后期施用沃特保水剂各处理与对照差异显著。M2、M4、M6 处理在膨大后期植株平均株高分别较 CK 处理显著提高 21.9%、29.5%和 28.1%。

表 2-4　不同保水剂施用量对马铃薯生长指标的影响

处理	初花期			块茎膨大期			成熟期		
	株高/cm	茎粗/mm	生物量/g	株高/cm	茎粗/mm	生物量/g	株高/cm	茎粗/mm	生物量/g
M2	43.8b	17.38b	34.10b	70.0a	15.74a	51.31a	65.1a	15.25a	82.99a
M4	45.2b	17.42b	36.63ab	75.6a	15.82a	54.26a	68.5a	15.53a	84.76a
M6	48.8ab	17.79ab	32.09b	76.4a	16.24a	57.64a	66.7a	15.69a	86.53a
N2	50.4a	18.65a	39.14a	64.2b	14.53b	42.06bc	54.0b	13.78bc	64.04c
N4	54.6a	18.75a	39.42a	66.0b	14.34b	45.08ab	56.0b	13.94bc	70.96b
N6	58.4a	18.88a	42.78a	67.8ab	14.27b	47.99ab	54.0b	14.46b	77.08b
CK	40.6b	17.01b	30.58b	61.2b	14.06b	40.11c	50.2b	13.11c	55.73d

注:同列不同小写字母表示不同处理下差异达显著水平($P<0.05$)。

在马铃薯关键生育期不同生长阶段其茎粗表现为下降的趋势(表2-4)。在初花期,施用微生物保水剂N2、N4、N6处理明显高于CK处理9.64%、10.2%和11.0%,在块茎膨大期和成熟期,施用沃特保水剂M2、M4、M6处理分别较CK处理增加14.1%、15.5%和17.6%。可见,施用微生物保水剂能明显促进马铃薯初花期植株的生长,施用沃特保水剂对马铃薯块茎膨大期的生长的作用效果显著。

在马铃薯初花期至成熟期,不同处理下马铃薯地上部生物量(干物质积累量)的变化均呈逐渐上升的趋势,在马铃薯成熟期达到最大(如表2-4)。马铃薯初花期,施用微生物保水剂各处理均显著高于对照,而在马铃薯生育后期施用沃特保水剂对提高马铃薯干物质积累量效果显著。在初花期,N2、N4、N6处理干物质积累量分别较CK处理提高28.0%、28.9%和39.9%;马铃薯成熟期,M2、M4、M6处理分别较CK处理干物质积累量提高39.9%、43.1%和46.3%。这表明,施用保水剂能显著提高作物干物质积累,有利于马铃薯块茎产量的提高。

二、马铃薯植株干物质积累量

在马铃薯生育前期播后60 d(现蕾期)至播后80 d(初花期),马铃薯植株不同器官干物质积累量呈增加趋势(如表2-5),保水剂各处理不同器官干物质积累量均显著高于不施保水剂处理,以施用微生物保水剂最高。播后60 d(现蕾期),地下部根干质量施用沃特保水剂各处理间无显著差异,N4和N6处理显著高于N2处理,N4和N6处理无差异,其中以N6处理最高;地上茎M4和M6处理显著高于M2处理,N4和N6处理显著高于M2处理,M4和M6处理、N4和N6处理间无差异;N6处理对促进马铃薯叶片生长发育效果最好。播后80 d(初花期),地下部根施用保水剂各处理间显著高于CK处理,以N4和N6处理的地下部根干质量最高;地上茎M2、M4和M6处理间差异显著,N2和N4、N6处理存在显著差异,M4、N4和N6处理茎干质量最高(8.3~8.6 g/株);地上叶片施用两种保水剂均显著高于CK处理,各处理间差异显著,N6处理的叶片干物质量最高(25.6 g/株)。

表 2-5　不同保水剂施用量对马铃薯生育前期植株不同器官干物质量的影响

单位：g·株⁻¹

处理	播后 60 d			播后 80 d		
	地下部根	地上茎	地上叶片	地下部根	地上茎	地上叶片
M2	1.78±0.12c	2.26±0.07b	7.69±0.24d	6.27±0.70c	7.56±0.24b	21.65±1.8d
M4	1.80±0.03bc	2.30±0.12b	9.03±0.26c	6.63±0.57bc	7.73±0.18b	23.74±2.2b
M6	1.91±0.06bc	2.66±0.02a	11.04±0.32ab	6.91±0.70b	8.31±0.09a	25.12±3.4a
N2	1.86±0.01bc	2.17±0.06b	8.91±1.11c	6.64±0.22bc	7.87±0.12b	20.80±1.2c
N4	2.21±0.02a	2.62±0.15a	10.41±0.27b	7.50±0.03a	8.43±0.06a	23.79±2.9b
N6	2.31±0.12a	2.82±0.05a	11.12±0.18a	7.87±0.26a	8.56±0.40a	26.09±2.6a
CK	1.31±0.33d	1.48±0.88c	7.29±0.55d	4.54±0.08d	7.24±0.17b	18.50±1.7d

注：同列不同小写字母表示不同处理下差异达显著水平（$P<0.05$）。

三、马铃薯植株养分吸收

（一）植株不同器官氮素吸收

干物质积累是作物产量形成的基础,而植物所需的氮、磷、钾养分对干物质的形成有重要影响。在马铃薯生育前期,植株地下部根、地上茎和地上叶片氮素含量动态变化随生长发育进程推进而降低,马铃薯各器官氮素含量高低表现为地上叶片>地上茎>地下部根（如图 2-6）。施用保水剂各处理地下部根全氮含量均显著高于不施保水剂处理,施用微生物保水剂对作物吸氮效果好于沃特保水剂,以 N4 和 N6 处理地上部根全氮含量最高（图 2-6A）。播种后 60 d 地上茎氮含量,N4 和 N6 处理的含氮量均显著高于其他各处理, 分别较 CK 处理高 23.2%、27.3%；播种后 80 d,N4 和 N6 处理中地上茎氮含量比 CK 处理提高 30.2%和 34.4%（图 2-6B）。播后 60 d 和播后 80 d 微生物保水剂各处理中叶片氮含量高于沃特保水剂各处理,保水剂各处理中钾浓度均随施用量的增加而增加,同一保水剂不同施用量间差异显著,以 N6 处理叶片全氮含量最高,其次为 M6 处理（图 2-6C）。

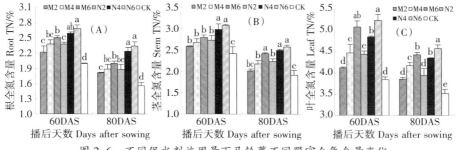

图 2-6　不同保水剂施用量下马铃薯不同器官全氮含量变化

(二)植株不同器官磷素吸收

马铃薯生育前期,各器官磷浓度为同器官氮浓度的 1/10,地下部根、地上茎和地上叶片中磷浓度的变化趋势相似,但磷在马铃薯叶片中的分配以播种后 60 d 为最高,此后逐渐下降(图 2-7)。与不施保水剂处理相比,保水剂各处理马铃薯器官在生育前期均具有较高的磷浓度,以施用微生物保水剂效果最为显著。

播种后 60 d,沃特保水剂地下部根全磷含量各处理差异不显著,N6 处理显著高于其他各处理;播种后 80 d,M6 处理显著高于 M4 和 M2 处理,微生物保水剂各处理间差异显著,以 N6 处理地下部根全磷含量最高(图 2-7A)。生育前期地上茎全磷含量,M6、N4 和 N6 处理均显著高于其他各处理, 分别平均较 CK 处理显著高 32.9%、30.5% 和 37.6%(图 2-7B)。播种后 60 d 和 80 d,N4 和 N6 处理叶片全磷含量显著高于其他各处理, 而 M2 和 N2 处理差异显著,M2 处理与 CK 处理不显著,N4 和 N6 处理叶片全磷含量较 CK 处理高 11.7% 和 17.9%(图 2-7C)。

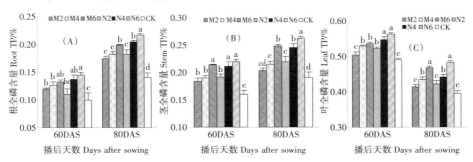

图 2-7　不同保水剂施用量下马铃薯不同器官全磷含量变化

(三)植株不同器官钾素吸收

马铃薯是需钾较多的作物,钾对马铃薯生长具有重要作用。由图 2-8 可知,马铃薯植株各器官全钾含量以播种后 60 d 最高,播种后 80 d 开始下降,地上茎中钾含量高于叶片和地下部根,表明作为运输器官的地上茎需要更多的钾离子。播种后 60 d,保水剂 M6、N4 和 N6 处理地下部根全钾含量显著高于其他处理,较 CK 处理显著提高 32.0%、36.6%和 45.0%;播种后 80 d,除 N6 外,保水剂各处理间差异不显著,以 N6 处理地下部根全钾含量最高(图 2-8A)。生育前期地上茎全钾含量,M6、N4 和 N6 处理均显著高于其他各处理,M2、M4、N2 处理与 CK 处理无显著差异(图 2-8B)。播种后 60 d 和播种后 80 d,M6、N4 和 N6 处理叶片中全钾含量均显著高于其他各处理, 而 M2、M4 和 N2 处理与 CK 处理差异不显著(图 2-8C)。

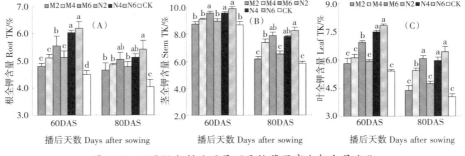

图 2-8 不同保水剂施用量下马铃薯器官全钾含量变化

第五节 保水剂制成凝胶对马铃薯产量与水分利用效率的影响

一、马铃薯产量

由表 2-6 可知,不同保水剂施用量各处理均能不同程度地提高马铃薯的产量和商品薯率。沃特保水剂各处理大薯数均显著高于 CK 处理,两种保水剂各处理中薯数均显著高于 CK 处理,小薯数处理间无明显差异。不同保水剂施用处理总薯数均显著高于对照处理,以施用沃特保水剂各处理最为显著。主要原因是增施保水剂有利于增加马铃薯的生物量,而生物量的积累在生长后期有利于同化产物向块茎的转移运输,促进块茎的生长发育(刘殿红等,2008)。施用沃特保水剂马铃薯总产量均显著高于 CK 处理,增产幅度达34.6%~41.4%,而施用微生物保水剂不同施用量与 CK 处理相比,增产幅度仅为 12.6%~24.7%。保水剂施用量各处理的马铃薯商品薯率较 CK 处理提高5.6%~21.1%,以 M6 处理马铃薯产量最高(23 088.0 kg/hm²),M4 处理商品薯率最高 (87.5%)。M2、M4、M6 处理马铃薯产量分别较 CK 处理提高 40.4%、34.6%和41.4%,商品薯率分别提高 11.7%、21.1%和18.2%。可见,施用沃特保水剂 60~90 kg/hm² 马铃薯增产和商品薯率最高。

表 2-6　不同保水剂施用量对马铃薯产量性状的影响

处理	总产量 /(kg·hm⁻²)	总薯数 /(个·hm⁻²)	大薯		中薯		小薯		商品薯率/%
			薯数	产量	薯数	产量	薯数	产量	
M2	22 921a	280 620a	25 005b	73 630ab	119 475b	11 141b	136 140a	4 417a	80.73b
M4	21 974a	250 050b	30 555a	87 800a	100 020b	10 444b	119 475b	2 751c	87.48a
M6	23 088a	263 940b	19 455c	5 668c	130 575a	14 045a	113 910b	3 376b	85.38a
N2	18 379b	280 620a	2 775b	597c	133 365a	14 253a	144 480a	3 528ab	80.80b
N4	18 476b	230 595c	16 665d	4 195c	83 355c	9 905b	130 575a	4 376a	76.32c
N6	20 351a	227 325c	16 170d	8 752a	116 685b	7 988c	94 470c	3 612ab	82.25ab
CK	16 324c	184 020d	14 550e	6 139bc	55 560d	5 657d	113 910b	4 528a	72.26c

注:同列不同小写字母表示不同处理下差异达显著水平($P<0.05$)。

二、马铃薯水分利用效率

由表 2-7 可知,施用保水剂能够改善土壤水分状况,降低农田蒸散量,从而提高作物的水分利用效率。M2、M4、M6、N4 和 N6 处理农田蒸散量较 CK 处理降低 13.5%~24.2%。两种保水剂不同施用量下马铃薯水分利用效率均高于不施保水剂处理,其作物水分利用效率高低顺序依次表现为 M6>M4>M2>N6>N4>N2,而 N2 与 CK、M2 与 M4 处理间的水分利用效率差异未达到显著水平。在施用同一种保水剂条件下,不同施用量间水分利用效率差异显著。与不施保水剂处理相比,施用保水剂处理作物水分利用效率增量大小顺序依次为 M6>

M2>M4>N6>N4>N2。其中,施用沃特保水剂 M6 处理作物水分利用效率增幅最高,M2、M4 和 M6 处理分别较 CK 处理显著提高 71.8%、68.1%和 86.5%。

表 2-7　不同保水剂施用量对马铃薯田水分利用效率的影响

处理	播前土壤贮水量/mm	收获期土壤贮水量/mm	农田蒸散量/mm	水分利用效率/(kg·hm⁻²·mm⁻¹)	水分利用效率增量/%
M2		130.77ab	161.92b	141.56b	71.75b
M4		134.06ab	158.63b	138.52b	68.07b
M6		142.48a	150.21b	153.70a	86.49a
N2	148.69	96.91c	195.78a	93.87e	13.90e
N4		121.30b	171.39b	107.80d	30.79d
N6		131.98b	160.71b	126.63c	53.64c
CK		94.63c	198.06a	82.42e	——

注:同列不同小写字母表示不同处理下差异达显著水平($P<0.05$)。

第六节　讨论与结论

一、讨论

(一)土壤结构

崔娜等(2011)和汪亚峰等(2009)研究表明,施用保水剂能降低土壤容重,增加土壤的毛管持水量,同时土壤>0.25 mm 水稳性团聚体含量的提高,可使土壤的孔隙度特别是毛管孔隙度增大。本研究认为,沃特和微生物两种保水剂,相对于不施保水剂处理,均可有效降低耕层土壤容重,施用沃特保水剂能显著降低 0~30 cm 土层土壤容重,而施用微生物保水剂对降低 30~60 cm 土层土壤容重的效果较好。这主要由于沃特保水剂为有机-无机杂化保水剂,吸水倍率高,有较高的体积膨胀率,穴施可降低表层土壤容重(龙明杰等,2002),而微生物保水剂为生物菌种多功能制剂,能加强耕层中土壤微生物的活动,进一步改善了土壤的孔隙结构。保水剂对土壤团粒结构的形成有促进作用,特别是对土壤>0.25 mm 粒径的团粒形成影响显著。随着保水剂用量的增加,土壤中>0.25 mm 团粒总含量增大(杨红善等,2005)。本研究发现,0~60 cm 土层>0.25 mm 机械稳定性团聚体数量施用两种保水剂各处理均较不施保水剂处理显著提高,施用沃特保水剂效果优于微生物保水剂。这是因为沃特保水剂作为良好的土壤改良剂,有较高的体积膨胀率,施入土壤后和黏粒间相互作用,高分子聚合物的舒展性能越好,越有利于絮凝,形成团粒结构(卢会文等,2012)。

（二）土壤水分

保水剂具有快速吸水、保水、缓慢释水的特性,施用保水剂能减少土壤表面蒸发损失,降低水分深层渗漏,有效保持土壤中的水分(杨永辉等,2010),为马铃薯需水关键期储存必要的水分(秦舒浩等,2013)。秦舒浩等(2013)研究表明,施用保水剂可显著提高马铃薯田土壤贮水量。杨永辉等(2010)研究发现,保水剂能提高作物不同生育阶段 0~100 cm 土层土壤含水量。本研究结果表明,在马铃薯关键生育期,施用两种保水剂比不施保水剂明显提高 0~100 cm 层土壤水分含量,以沃特保水剂的保墒效果最佳。这是由于穴施保水剂可使土壤入渗性能随保水剂浓度的增加而增大,且保水剂对土壤水分向下运动的影响与保水剂自身的吸水倍率和膨胀性能密切相关（白文波等,2010a),沃特保水剂的吸水倍率和膨胀性能高于微生物保水剂,土壤水分的保蓄效果较好。本研究还发现,微生物保水剂能显著改善马铃薯生育前期土壤水分状况，而施用沃特保水剂对马铃薯生育后期的土壤水分保蓄效果较好。究其原因,沃特保水剂能保持较强的吸水倍率和膨胀性能,其蓄水和释水性能显著增强,而微生物保水剂是一种富含生物菌种的多功能制剂,随马铃薯生育期的推移,地温的升高,高分子吸水性树脂被细菌、霉菌等微生物作用，分解成为简单的有机物或无机物，被微生物消化吸收利用（崔亦华等,2007),这大大降低了微生物保水剂的保水、释水性能。本研究结果表明,在马铃薯关键生育期,施用沃特、微生物保水剂后,使土壤水分得到改善,0~100 cm 层土壤贮水量均高于对照,且施用量越大,土壤含水量越高,这是由于土壤中施入保水剂,土壤抑制蒸发能力增强,同时降水入渗土壤的性能随保水剂施用量的增加而增大(白文波等,2010a;李继成等,2008)。

（三）马铃薯生长

施用保水剂可调节作物生长的土壤微环境,显著改善作物的生长状况(秦舒浩等,2013)。廖佳丽等(2009)的研究结果表明,施用多功能保水剂处理能有效促进马铃薯的生长发育,两种保水剂均能促进马铃薯生长发育,增加干物质积累,但在不同生育时期促进作物生长的效果有所不同:PAM(聚丙烯酰胺)保水剂在前期效果显著,多功能保水剂在后期效果突出。这与本研究的结果"施用微生物保水剂能促进马铃薯生育前期植株的生长,施用沃特保水剂对马铃薯生育后期的生长作用效果显著"相似。这是一方面由于施用微生物保水剂在施用前期保肥效果显著,利于改善生育前期的土壤水肥状况,进一步促进马铃薯的生长发育(崔亦华等,2007),植株各器官干物质显著增加。另一方面,沃特保水剂的吸水倍率和膨胀性能高于微生物保水剂,但前期降水较少,对作物生长促进作用不明显(廖佳丽等,2009),然而可提高马铃薯后期土壤水分含量,促进了作物的生长,显著增加了后期的干物质累积(侯贤清等,2015b)。

(四)马铃薯干物质累积及养分吸收

作物养分吸收量与干物质积累量同步增长,这种增长在作物生育营养阶段更加突出(Mengel and Kirkby,1987)。Song and Li(2002)研究表明,干物质增长快慢和养分的吸收多少虽有一定的联系,但并不具有同步性的特点,养分吸收最大速率出现在干物质积累最大速率之前。本研究发现,在生育前期微生物保水剂的保水保肥能力强于沃特保水剂,促进了植株对氮、磷、钾的吸收,使不同器官干物质量显著增加。但随作物生长期的推进,使植株体内的氮、磷、钾含量逐渐向块茎转移,表现出下降的趋势(白艳姝,2007;刘燕等,2012),成熟期沃特保水剂增产效果优于微生物保水剂。杜建军等(2007)研究结果表明,保水剂施入土壤后,能显著降低氮、磷、钾养分的淋溶损失,并随保水剂用量的增加效果更加明显。本研究结果也表明,在生育前期保水剂处理植株器官氮、磷、钾含量随施用量的增加而增加,以微生物保水剂 N6 处理植株养分吸收能力最强。这是由于微生物保水剂可与微生物菌种高效复合,在生育前期能增强植物根际微生物的活动,加快植物根际周围有机矿物质的分解,促进了植株对养分的吸收利用(崔亦华等,2007)。此外,沃特保水剂易受 Ca^{2+} 的影响较大,与磷酸二氢钙肥料混施使沃特保水剂的保水吸肥性能有所降低(李杨,2012;宋影亮,2010)。

(五)马铃薯产量

张朝巍等(2011a)的研究发现,马铃薯穴施保水剂,可提高大薯率、降低小薯率,使薯块产量有所提高。本研究结果也表明,穴施保水剂能不同程度提高马铃薯的产量和商品薯率。沃特保水剂各处理大薯数均明显高于对照处理,两种保水剂处理中薯数均明显高于对照处理,施用沃特保水剂马铃薯增产效果优于施用微生物保水剂,其主要原因:一方面,马铃薯块茎膨大期对水分敏感,沃特保水剂较强的保水能力将土壤水分吸附在根系周围,匍匐茎能够迅速吸收土壤中的水分,促进块茎的形成和膨大,因而块茎产量提高(杨永辉等,2010),而微生物保水剂的主要成分在生育中期可能部分开始被微生物降解,降低了保水剂的保水性能,根系周围的水分含量降低,匍匐茎阶段生长量较小,因而块茎产量较低。另一方面,微生物保水剂前期保肥效果显著;而后期保水效果较差(马铃薯生育后期微生物保水剂高分子吸水性树脂被微生物分解利用(崔亦华等,2007),降低了保水剂的保水性能),不利于改善后期干物质的积累,而沃特保水剂的吸水倍率和膨胀性能高于微生物保水剂,后期保水效果较好,利于马铃薯干物质的积累和块茎产量的提高(侯贤清等,2015c)。

相关研究表明,在北方旱作区,30~60 kg/hm² 是马铃薯作物的最宜保水剂施用量。廖佳丽等(2009)和刘殿红等(2008)研究认为,施用多功能保水剂30 kg/hm² 使马铃薯产量和商品薯分别比对照显著提高,较适宜在宁南半干旱区采用。杜社妮等(2007a)认为,在陕北黄土丘陵沟壑区,马铃薯生产应用中穴施沃特保水剂以 30~45 kg/hm² 为宜。武继承等(2007)在豫西旱作区研究结果表明,在不灌水条件下施用保水剂小麦可增产 8.4%~22.8%,以 60 kg/hm² 和 45 kg/hm² 处理较好。而本研究认为,在宁夏半干旱偏旱区,穴施沃特保水剂 60~90 kg/hm² 的马铃薯产量和商品薯率最高。

(六)马铃薯水分利用效率

施用保水剂能够降低土壤蒸发和作物的无效蒸腾,从而促进作物水分利用率的提高,但不同地区保水剂施用方式、用量对马铃薯水分利用效率的提高效果不同(黄占斌等,2004;王志玉等,2004)。杜社妮等(2007a)在陕北黄土丘陵沟壑区研究结果表明,穴施沃特、PAM 保水剂 60 kg/hm² 对提高马铃薯干物质量及水分利用效率效果最好,而张扬等(2009)在宁南山区的研究发现,施用沃特保水剂 15 kg/hm² 和 PAM 保水剂 9 kg/hm² 的作物水分利用效率最高。本研究发现,在宁夏中部半干旱偏旱区,施用微生物和沃特两种保水剂均能提高作物的水分利用效率,且随施用量的增加而提高,以穴施沃特保水剂 60~90 kg/hm² 的提高产量和作物水分利用效率效果最佳。

二、结论

1. 保水剂能有效降低耕层土壤容重,改善土壤孔隙状况和团粒结构,施用沃特保水剂 90 kg/hm² 的 0~30 cm 土层土壤容重比不施保水剂处理显著降低,施用微生物保水剂 90 kg/hm² 的 30~60 cm 土层土壤孔隙度显著增加。施用微生物保水剂处理 0~30 cm 土层>0.25 mm 机械稳定性团聚体数量均较不施保水剂处理显著提高,施沃特保水剂处理 30~60 cm 土层>0.25 mm 机械稳定性团聚体数量比不施保水剂处理显著提高。

2. 施用保水剂能明显改善马铃薯关键生育期土壤水分状况,随保水剂施用量的增加而增加,以施用沃特保水剂 60 kg/hm² 和 90 kg/hm² 保水保墒效果最为显著。施用微生物保水剂可改善马铃薯生育前期耕层土壤水分含量,而施用沃特保水剂可提高马铃薯生育中后期土壤水分含量。

3. 施用微生物保水剂能有效促进马铃薯初花期植株的生长,进入块茎膨大期施用沃特保水剂对马铃薯生长的促进效果显著。在马铃薯生育前期(播后 60 d 至播后 80 d),施用微生物保水剂各处理器官氮、磷、钾含量均高于施用沃特保水剂处理,施用微生物保水剂 90 kg/hm² 各器官养分含量和干物质积累量分别较不施保水剂处理显著提高。

4. 两种保水剂施用量均能不同程度提高马铃薯的产量和商品薯率,与不施保水剂处理相比,施用沃特保水剂 90 kg/hm² 的增产和提高作物水分利用效率效果最佳,而施用沃特保水剂 60 kg/hm² 的商品薯率最高。

三、建议

保水剂对马铃薯增产效应在南方红壤、北方黄土丘陵区不同,除与保水剂自身吸水保水特性有关外,更重要的是与保水剂对土壤的直接效应和间接效应(如改良土壤结构,以及保水剂施用方式对土壤水分下移造成的植物根际水分不均衡分布等)有关。鉴于本研究仅一年试验结果,在不同水文年型(丰水、平水和缺水年),穴施沃特保水剂 60~90 kg/hm² 是否会起到增产效果,有待于进一步研究。

第三章　不同保水剂与细土混施对土壤理化性状及马铃薯产量的影响

　　宁夏中部半干旱偏旱区土地肥力瘠薄,气候干旱少雨,加之马铃薯对水分亏缺非常敏感,导致其单产水平很低,马铃薯低产量制约着当地经济的发展(廖佳丽等,2009)。因此,抗旱节水节肥成为提高宁夏优势特色作物产量、发展马铃薯产业的重要技术措施。研究表明,覆盖和施用不同类型保水剂可缓解干旱, 提高水肥利用效率, 促进作物生长, 提高作物产量 (武继承等,2011;包开花等,2016;李中阳等,2015)。

　　保水剂是近年来迅速发展起来的一种新型高分子材料,具有很强的吸水和保水能力,能迅速吸收自身重量几百倍甚至上千倍的水分,且有反复吸水的功能,吸持后的水分可缓慢释放供作物利用(廖佳丽等,2009)。同时,施用土壤保水剂还可减少土壤水分蒸发, 改善作物生长的微环境 (Yang,et al.,2014;Yang,et al.,2015),有利于作物增产和水分利用效率的提高,已作为一种重要的化学节水技术(Moslemi,et al.,2011)。高超等(2005)的研究表明,保水剂对土壤团粒结构的形成有促进作用, 特别是对土壤 0.5~1.0 mm 粒径的团粒形成影响显著。随着保水剂用量的增加,土壤中> 0.25 mm 的水稳性团粒总含量增大。杨红善等 (2005) 研究了 PAAM-atta 有机无机复合保水剂和PAAM 丙烯酰胺聚合保水剂对土壤团聚体的影响结果表明,两种保水剂均可促进 0.25~5.0 mm 团聚体的形成,但保水剂用量不能过大,否则会破坏土壤结构,造成土壤板结。秦舒浩等(2013)研究表明,施用保水剂可显著提高马铃薯田土壤贮水量及产量,改善作物部分产量性状。杨永辉等(2010)在豫中禹州节水农业试验基地的研究结果表明, 保水剂能提高冬小麦不同生育阶段0~100 cm 土层土壤水分含量,促进生物量的积累,从而提高作物产量。可见,保水剂可改善土壤结构、保蓄水分,促进作物出苗、成活,增加干物质积累,调控水肥,影响土壤养分转化与供应(李世坤等,2007)。

然而,针对保水剂改善土壤理化性质及其对作物生长与养分吸收利用特征的研究鲜见报道。因不同地区保水剂的种类、施用方式、用量等不同,保水剂对改善土壤性质和促进作物生长的效果也不同(刘殿红等,2008)。本研究在宁夏同心县王团镇旱作节水高效农业科技园,采用以沃特保水剂和微生物保水剂不同施用量为对象,两种保水剂(沃特和微生物多功能保水剂)的不同用量与细土混施,改善土壤理化性状和马铃薯增产效果进行对比研究,探寻适合马铃薯田的保水剂种类、施用方式及最佳施用量,为促进宁夏中部半干旱偏旱区马铃薯合理施用保水剂提供科学参考。

第一节　试验设计与测定方法

一、试验区概况

试验点概况与第二章相同(略)。

二、试验设计

(一)试验材料

试验材料与第二章相同(略)。

(二)试验设计

试验于 2013 年 5 月—2013 年 10 月在宁夏同心县王团镇高效节水农业科技园区进行。试验为双因素随机区组设计。因素 A:两种保水剂种类,沃特保水剂和微生物保水剂;因素 B:30 kg/hm²、60 kg/hm²、90 kg/hm² 三种保水剂施用水平。以不施保水剂处理为对照,共 7 个处理(如表 3-1),3 次重复,小区面积为 6.5 m × 4.0 m=26 m²。

在不覆膜的基础上,播种前按照试验设计的保水剂用量计算出试验小区的用量,将保水剂与小区内的细土按 1:10 比例充分混合均匀后穴施。穴播的播种穴长、宽均为 15 cm,深 10 cm,不同处理的播种深度均为 5~6 cm。

表 3-1　抗旱保水剂不同施用量(与细土混合穴施)试验设计

区组设计	保水剂施用量/(kg·hm⁻²)		
	30	60	90
沃特保水剂	A2	A4	A6
微生物保水剂	B2	B4	B6
不施用保水剂	CK		

（三）田间管理

田间管理与第二章相同(略)。

三、测定指标与方法

（一）土壤物理性质指标

土壤容重、土壤团聚体含量及土壤水分:测定方法同第二章(略)。

土壤贮水量、作物耗水量和水分利用效率的计算方法同第二章(略)。

（二）土壤化学性状指标

在收获期,测定 0~30 cm 层土壤有机质和有效氮、速效磷、速效钾含量。测定方法:重铬酸钾–浓硫酸外加热法测定土壤有机质含量;碱解扩散法测定土壤碱解氮含量;碳酸氢钠浸提法测定土壤速效磷含量;醋酸铵浸提火焰光度法测定土壤速效钾含量(鲍士旦,2003)。

（三）马铃薯生长指标

植株关键生育期(初花期、膨大期和收获期)株高、茎粗和地上部生物量:测定方法同第二章(略)。

植株氮、磷、钾含量:在收获期采集植株地下部根、地上部茎、叶和块茎,每小区取样 5 株,分别测定作物不同器官干物质量及氮、磷、钾养分含量,并计算整株氮、磷、钾养分含量。测定及计算方法同第二章(略)。

作物产量:测定方法同第二章(略)。根据投入和产出评析其经济效益。

（四）统计分析

EXCEL 2003 作图,采用 SAS 8.0 分析软件对数据进行统计分析。

第二节　保水剂与细土混施对土壤理化性质的影响

一、土壤结构

如表 3-2,施用保水剂各处理土壤容重比不施保水剂处理(对照)降低 3.7%~5.2%,其中 A6 处理的降幅最大(5.2%)。可见,保水剂不同施用量,相对于不施保水剂处理,均可有效降低土壤容重,改善土壤结构。A2、A4 和 A6 处理土壤孔隙度分别高于 CK 处理 5.8%、6.5% 和 7.9%,可见,沃特保水剂不同施用量各处理,相对于 CK 处理,土壤的通气能力明显加强,使表层土壤孔隙度显著提高。由表 3-2 可知,0~30 cm 土层 0.1~0.25 mm、<0.1 mm 机械稳定性团聚体数量均高于其他粒径团聚体数量,而 >5 mm 粒径团聚体数量的变幅较大,1~2 mm 粒径的团聚体数量比较稳定,在 5.6%~9.5% 之间。施用保水剂各处理 >5 mm 机械稳定性团聚体数量均较 CK 处理明显提高, 其中 A2、A4、B4 和 B6 处理分别较 CK 处理提高 1.8、2.2、3.1 和 1.2 倍;>0.25 mm 机械稳定性

表 3-2　不同保水剂施用量下 0~30 cm 层土壤团聚体粒径分布

单位:%

处理	土壤容重 /(g·cm⁻³)	土壤孔隙度 /%	团聚体粒级/mm								
			>10	5~10	2~5	1~2	05~1	0.25~0.5	$DR_{0.25}$	0.1~0.25	<0.1
A2	1.655a	39.36a	8.62c	10.17a	12.59ab	5.87b	11.70b	8.45b	57.39ab	20.05a	20.56b
A4	1.647a	39.61a	12.83b	8.69a	11.84b	5.61b	11.97b	8.29b	59.24ab	12.80b	27.97a
A6	1.631a	40.12a	3.71d	4.85b	8.94bc	5.37b	11.76b	28.09a	62.72a	19.65a	17.63c
B2	1.666a	38.98a	3.27d	4.68b	9.57bc	6.49b	15.52a	27.68a	67.21a	9.94b	22.85b
B4	1.656a	39.29a	19.96a	7.35b	11.89b	7.60b	14.50a	8.50b	69.80a	22.05a	8.15d
B6	1.650a	39.51a	5.55d	8.77b	15.88a	9.44b	17.46a	9.78b	66.89a	20.16a	12.95d
CK	1.720a	37.20a	1.16e	5.50b	11.86b	6.82b	16.33a	10.46b	52.13b	18.39a	29.48a

注:1. A2 为沃特保水剂 30 kg/hm²,A4 为沃特保水剂 60 kg/hm²,A6 为沃特保水剂 90 kg/hm²,B2 为微生物保水剂 30 kg/hm²,B4 为微生物保水剂 60 kg/hm²,B6 为微生物保水剂 90 kg/hm²,CK 为不施用保水剂。2. 同一列不同小写字母表示处理间差异显著(P<0.05)。

团聚体数量（$DR_{0.25}$）施用保水剂各处理均较 CK 处理有所提高，提高幅度在 10.1%~33.9%，其中施微生物保水剂处理对改善土壤结构的效果最佳。

二、土壤水分状况

（一）生育期 0~100 cm 层土壤水分

宁夏中部半干旱偏旱区降水稀少，穴施保水剂可提高土壤吸水能力，增加土壤水分含量，提高土壤保水、保肥能力，有利于春播作物的生长。如图 3-1 是马铃薯初花期不同处理 0~100 cm 土层土壤水分状况，施用保水剂各处理土壤贮水量均较 CK 处理（不施保水剂）显著增加，且保水剂施用量越大，土壤水分的保蓄效果越好。保水剂施用量各处理土壤贮水量分别较 CK 处理显著增加 19.8%~38.6%，以 A6、B4 和 B6 处理提高幅度最大，分别较 CK 处理提高 32.8%、33.3% 和 38.6%。8 月中旬，马铃薯进入块茎膨大期，气温逐渐升高，土壤水分蒸发日益强烈，耗水增加，而降水相对偏少，各处理土壤水分含

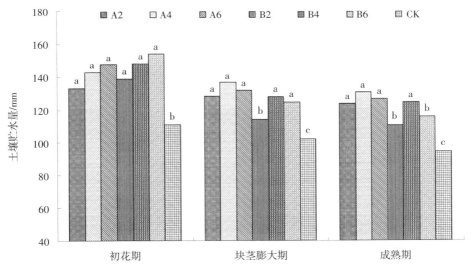

图 3-1 不同处理下马铃薯关键生育期 0~100 cm 土壤贮水量状况

注：1. A2 为沃特保水剂 30 kg/hm²，A4 为沃特保水剂 60 kg/hm²，A6 为沃特保水剂 90 kg/hm²，B2 为微生物保水剂 30 kg/hm²，B4 为微生物保水剂 60 kg/hm²，B6 为微生物保水剂 90 kg/hm²，CK 为不施用保水剂。2. 同一生育时期不同小写字母表示处理间差异显著（$P<0.05$）。

量有所降低。不同保水剂施用量,相对CK处理能明显改善土壤的水分状况(图3-1)。施用保水剂各处理0~100 cm土层贮水量均较CK处理有不同程度的增加,其中A2、A4、A6处理较CK处理显著增加25.5%~33.6%。9月底,马铃薯进入成熟期,耗水继续增加,加之降水较少,使土壤水分降至最低(图3-1)。施保水剂各处理与不施保水剂处理相比,明显高于0~100 cm土层土壤贮水量,以沃特保水剂保水效果最显著。可见,施用微生物保水剂能显著改善马铃薯初花期土壤水分状况,而施用沃特保水剂能显著改善马铃薯块茎形成后期土壤水分状况。

(二)不同土层土壤水分

由图3-2可知,马铃薯初花期,不同保水剂用量对土壤贮水量的影响效果不同,保水剂施用量越大,其土壤贮水量越高。耕层(0~40 cm)土壤贮水量随保水剂施用量增加与CK处理差异逐渐增大,深层(40~100 cm)土壤贮水量施用保水剂各处理均显著高于CK处理。施用沃特保水剂0~40 cm层土壤贮水量A4与A6处理与CK处理存在显著性差异,分别较CK处理提高52.8%和48.4%;施用微生物保水剂处理分别较CK处理显著提高52.2%~

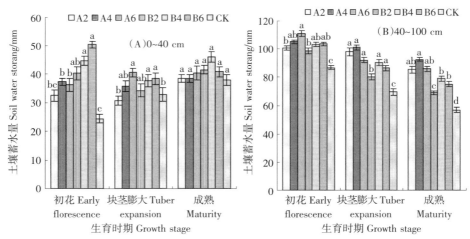

图3-2 施用保水剂下作物主要生育阶段土壤水分状况

注:1. A2为沃特保水剂30 kg/hm²,A4为沃特保水剂60 kg/hm²,A6为沃特保水剂90 kg/hm²,B2为微生物保水剂30 kg/hm²,B4为微生物保水剂60 kg/hm²,B6为微生物保水剂90 kg/hm²,CK为不施保水剂。2. 同一生育时期不同小写字母表示处理间差异显著($P<0.05$)。

79.2%(图 3-2A)。保水剂处理下 40~100 cm 土层土壤贮水量均显著高于 CK 处理,以施用沃特保水剂 A6 处理最佳(图 3-2B)。8 月中旬马铃薯进入块茎膨大期,0~40 cm 土壤贮水量施用保水剂,A6、B4、B6 处理均与 CK 处理差异显著,而 A2、A4 和 B2 各处理与 CK 处理差异不显著。保水剂各处理 40~100 cm 层土壤贮水量均显著高于 CK 处理, 其中施用沃特保水剂效果较好,A2、A4、A6 处理分别较 CK 处理显著增加 56.0%、69.7%和 53.9%(图 3-2B)。结果表明,不同保水剂用量能够显著改善块茎膨大期深层(40~100 cm)土壤的水分状况。9 月下旬降水量增加,马铃薯成熟期各处理耕层(0~40 cm)土壤贮水量略有增加,而 40~100 cm 土层明显下降(图 3-2B)。各处理 0~40 cm 层土壤水分含量无显著差异,40~100 cm 层保水剂各处理均显著高于 CK 处理,其中施用沃特保水剂效果较。与 CK 处理相比,A2、A4、A6 处理 40~100 cm 层土壤贮水量分别显著增加 50.4%、62.8%、56.9%,B2、B4、B6 处理分别显著增加 21.7%、40.7%、44.4%。

三、收获期 0~30 cm 层土壤养分

保水剂施入土壤后, 不同保水剂施用量对土壤有机质含量的影响不同(表 3-3)。施保水剂处理比对照增加 20.1%~75.4%,增加了 0.38~1.01 g/kg。施用微生物效果不及沃特保水剂, 不同处理土壤有机质含量高低表现为 A6、A4、B6、A2、B4、B2、CK。可见,施用沃特保水剂处理下土壤有机质含量显著增加,这可能是由于微生物保水剂富含纳米级微生物菌种,有利于土壤微生物的活动,从而加快微生物对土壤有机质的分解与转化的结果。如表 3-3,施用保水剂能有效增加土壤有效氮、速效磷和速效钾的含量。两种保水剂对土壤有效氮含量的保蓄效果无显著差异,平均较 CK 处理提高 21.2%~37.2%。保水剂不同施用量下 0~30 cm 土层土壤速效磷含量均随保水剂施用量的增加其保肥效果增强。各处理土壤速效磷含量高低次序为 A6、B6、A4、B4、A2、B2、CK。不同处理下土壤速效钾含量表现为 A6、B6≈A4、B4、A2、B2、CK,施用沃特保水剂 A6 处理比 CK 处理显著增加 53.6%, 其次为施用微生物 B6 处理。可见,施用沃特保水剂 60~90 kg/hm² 能明显提高土壤有机质、速效养分含量,对土壤养分的保蓄效果最佳。

表 3-3　马铃薯收获期不同处理下 0~30 cm 土层土壤养分状况

处理	有机质 /(g·kg⁻¹)	有效氮 /(mg·kg⁻¹)	速效磷 /(mg·kg⁻¹)	速效钾 /(mg·kg⁻¹)
A2	1.86b	36.25b	10.54b	146.67c
A4	2.08a	38.61b	12.27ab	152.96b
A6	2.35a	42.13a	13.86a	169.90a
B2	1.61c	36.79b	9.23b	123.65d
B4	1.72c	38.84b	11.59b	146.65c
B6	1.94ab	40.53ab	12.68ab	152.13b
CK	1.34d	30.12c	7.45c	110.68e

注：1. A2 为沃特保水剂 30 kg/hm²，A4 为沃特保水剂 60 kg/hm²，A6 为沃特保水剂 90 kg/hm²，B2 为微生物保水剂 30 kg/hm²，B4 为微生物保水剂 60 kg/hm²，B6 为微生物保水剂 90 kg/hm²，CK 为不施用保水剂。2. 同一列不同小写字母表示处理间差异显著（$P<0.05$）。

第三节　保水剂与细土混施对马铃薯生长的影响

一、马铃薯养分吸收积累和利用效率

在马铃薯收获期测定其植株养分含量，施保水剂各处理植株体内的养分积累量均比对照处理显著增加（表 3-4）。在施微生物保水剂各处理中，氮、磷、钾（N、P、K）积累量平均分别较对照增加 57.5%、48.5% 和 35.4%，而在施沃特保水剂各处理中，N、P、K 积累量平均分别较 CK 处理增加 66.4%、62.5% 和 41.0%，增幅显著。同时，施用保水剂处理下作物对 N、P、K 养分的积累量均随保水剂施用量的增大而增加。表 3-4 可知，不同保水剂施用量下作物对 N、P、K 的利用率有所不同，与对照相比，氮、磷肥料利用增长率为 55.5%~61.9%，而对钾肥的利用率平均增加了 38.2%。施用沃特保水剂各处理下作物对 N、P、K 的利用率增加显著，A6 处理养分利用效率最高，分别较对照显著增加 74.7%、79.5% 和 49.6%；施用微生物保水剂 B2 处理养分利用增长率最低，分别较对照显著增加 57.5%、48.5% 和 35.4%。可见，施用保水剂能显著促进作物对肥料的吸收利用，显著提高作物对肥料的利用效率，且施用沃特保水剂

处理下作物对 N、P、K 的利用率高于微生物保水剂各处理。

表 3-4 不同处理中植株养分积累量及肥料利用效率

处理	植株养分含量/(g·kg⁻¹)			植株养分积累量/(g·株⁻¹)			肥料利用效率/%		
	N	P	K	N	P	K	N	P	K
A2	60.72a	8.12b	122.47ab	4.12a	1.25b	10.55b	11.85a	3.36b	48.85b
A4	63.64a	8.89a	126.90a	4.35a	1.46a	11.42a	12.51a	3.92a	52.87a
A6	64.45a	9.34a	127.83a	4.56a	1.58a	12.03a	13.11a	4.24a	55.70a
B2	56.81a	7.43b	117.60b	3.94a	1.14b	10.06b	11.33a	3.06b	46.58b
B4	58.69a	8.41ab	121.00ab	4.15a	1.33ab	10.73b	11.93a	3.57ab	49.68b
B6	59.15a	8.76a	122.51ab	4.24a	1.45a	11.86a	12.19a	3.89a	54.91a
CK	52.83b	6.50c	109.44c	2.61b	0.88c	8.04c	7.51b	2.36c	37.23c

注:1. A2 为沃特保水剂 30 kg/hm²,A4 为沃特保水剂 60 kg/hm²,A6 为沃特保水剂 90 kg/hm²,B2 为微生物保水剂 30 kg/hm²,B4 为微生物保水剂 60 kg/hm²,B6 为微生物保水剂 90 kg/hm²,CK 为不施用保水剂。2. 同一列不同小写字母表示处理间差异显著($P<0.05$)。

二、马铃薯生长

表 3-5 为保水剂不同施用量对马铃薯生长性状的影响,不同处理下马铃薯关键生育期株高的变化呈先升高后降低的趋势。在马铃薯初花期,施用微生物保水剂各处理与对照差异显著,B2、B4 和 B6 处理株高分别较 CK 处理显著提高 36.5%、40.4%和 42.9%,而在马铃薯膨大后期施用沃特保水剂各处理与对照差异显著。A2、A4、A6 处理在膨大后期植株平均株高分别较 CK 处理显著提高 19.6%、26.0%、28.3%。在马铃薯关键生育期,不同处理下植株茎粗表现为下降的趋势(表 3-5)。初花期施用微生物保水剂 B2、B4、B6 处理显著高于 CK 处理 13.9%、16.6%和 18.1%,在块茎膨大期和成熟期,施用沃特保水剂 A2、A4 和 A6 处理分别较 CK 处理增加 10.1%、13.5%和 16.2%。可见,施用微生物保水剂能明显促进马铃薯初花期植株的生长,进入块茎膨大期施用沃特保水剂对马铃薯生长的效果显著。

由表 3-5 可知,在马铃薯主要生育期,各处理马铃薯地上部干物累积量呈逐渐上升趋势,在成熟期达到最大。在马铃薯前期微生物保水剂施用各处

表 3-5　不同保水剂施用量对马铃薯生长的影响

处理	初花期			块茎膨大期			成熟期		
	株高/cm	茎粗/mm	生物量/(g·株⁻¹)	株高/cm	茎粗/mm	生物量/(g·株⁻¹)	株高/cm	茎粗/mm	生物量/(g·株⁻¹)
A2	46.4b	18.35b	34.51ab	70.6a	14.88b	48.31b	62.6a	15.03a	79.74ab
A4	50.6b	18.75b	35.22ab	73.6a	15.61ab	50.26ab	66.8a	15.24a	87.76a
A6	55.8a	18.88b	38.94a	74.2a	16.46a	55.64a	68.7a	15.11a	83.95a
B2	55.4a	19.37a	38.08a	63.2b	14.74b	46.06b	56.0b	14.08b	65.50b
B4	57.0a	19.84a	41.20a	67.8ab	15.05b	48.08b	59.0b	14.71b	69.36b
B6	58.0a	20.09a	40.71a	69.8a	15.24b	47.99b	55.0b	14.63b	67.44b
CK	40.6c	17.01c	30.58b	61.2b	14.06c	40.11c	50.2c	13.11c	55.73c

注：1. A2 为沃特保水剂 30 kg/hm²，A4 为沃特保水剂 60 kg/hm²，A6 为沃特保水剂 90 kg/hm²，B2 为微生物保水剂 30 kg/hm²，B4 为微生物保水剂 60 kg/hm²，B6 为微生物保水剂 90 kg/hm²，CK 为不施用保水剂。2. 同一列不同小写字母表示处理间差异显著（$P<0.05$）。

理均显著高于 CK 处理，而施用沃特保水剂对提高马铃薯生育后期干物质累积量效果最佳。初花期马铃薯干物质积累量 B2、B4、B6 处理分别较 CK 处理提高 24.5%、34.7%和 33.1%；马铃薯块茎膨大期，A2、A4、A6 处理分别较 CK 处理马铃薯平均干物质累积量提高 17.0%、20.2%和 27.9%；在成熟期，A2、A4、A6 处理分别较 CK 处理马铃薯平均干物质累积量提高 30.0%、38.8%和 39.3%。

三、马铃薯产量性状

表 3-6 表明，不同保水剂施用量各处理均能不同程度提高马铃薯的产量和商品薯率。施用沃特保水剂各处理大薯数均显著高于 CK 处理，施用微生物保水剂各处理中薯数均明显高于 CK 处理，施保水剂各处理小薯数均低于 CK 处理。不同保水剂施用处理的总薯数均显著高于 CK 处理，其中以 B2、B4 和 B6 最为显著。不同保水剂施用量各处理的马铃薯总产量均显著高于对照处理，增产幅度达 25.4%~44.1%，以施用沃特保水剂的增产效果最佳。A2、A4、A6 处理马铃薯产量分别较 CK 处理提高 36.9%、39.8%和 44.1%；B2、B4、

B6 处理分别提高 29.1%、29.5% 和 25.4%。保水剂施用量各处理的马铃薯商品薯率较 CK 处理提高 7.8%~20.9%，以 A4 和 B2 处理最为显著。A2、A4、A6 处理马铃薯商品薯率分别较 CK 处理显著提高 13.8%、20.9% 和 12.1%，B2、B4 处理分别显著提高 11.0% 和 18.9%。可见，施用沃特保水剂 90 kg/hm² 增产效果最好，施沃特保水剂 60 kg/hm² 商品薯率最高。

表 3-6　不同处理对马铃薯产量性状的影响

处理	总产量 /(kg·hm⁻²)	总薯数 /(个·hm⁻²)	大薯		中薯		小薯		商品薯率 /%
			薯数	产量	薯数	产量	薯数	产量	
A2	22 351.35b	194 475d	38 895a	11 571.45b	55 560b	6 806.85c	100 020b	3 973.05a	82.22b
A4	22 824.00a	182 820d	58 350d	15 294.75a	36 120c	4 639.80c	58 350c	2 889.45b	87.34a
A6	23 518.65a	208 365d	36 120a	8 960.10c	66 675b	10 085.40b	105 570b	4 473.15a	80.98b
B2	21 073.65b	333 390a	16 665c	5 042.70d	130 575a	11 863.50	186 150a	4 167.45a	80.22b
B4	21 143.10b	269 490c	8 340d	2 778.30c	130 575a	15 391.95a	130 575b	2 972.85b	85.94ab
B6	20 476.20c	327 630b	16 455c	4 556.40d	133 365a	11 391.15b	177 810a	4 528.65a	77.88bc
CK	16 324.20d	184 020d	14 550c	6 139.20d	55 560b	5 656.65c	113 910b	4 528.35a	72.26c

注：1. A2 为沃特保水剂 30 kg/hm²，A4 为沃特保水剂 60 kg/hm²，A6 为沃特保水剂 90 kg/hm²，B2 为微生物保水剂 30 kg/hm²，B4 为微生物保水剂 60 kg/hm²，B6 为微生物保水剂 90 kg/hm²，CK 为不施用保水剂。2. 同一列不同小写字母表示处理间差异显著（$P<0.05$）。

四、马铃薯水分利用效率

由表 3-7 可知，施用土壤保水剂可改善土壤水分状况，降低作物耗水，进而提高作物水分利用效率。A2、A4、A6、B2、B4 和 B6 处理作物耗水量分别较 CK 处理显著降低 14.6%、18.2%、18.1%、8.0%、15.1%、24.2%，其中以沃特保水剂各处理效果最为显著。保水剂各处理马铃薯水分利用效率（water use efficiency，WUE）均高于 CK 处理，高低次序表现为 A6、A4、A2、B4、B2、B6，而 A4 与 A6、B2 与 B6 处理间的水分利用效率差异未达到显著水平。与 CK 处理相比，保水剂不同用量下作物水分利用效率增量依次表现为 A6、A4、A2、B4、B2、B6。其中，A6 处理的 WUE 增幅最大（75.8%），施用沃特保水剂各处理较 CK 处理显著提高 60.4%~75.8%。

表 3-7　保水剂施用量下作物水分利用效率

处理	播前土壤贮水量/mm	收获期土壤贮水量/mm	耗水量/mm	水分利用效率/(kg·hm⁻²·mm⁻¹)	水分利用效率增量/%
A2		123.70a	169.89b	131.56b	60.35b
A4		130.76a	162.83b	140.17a	70.84a
A6		130.55a	163.04b	144.25a	75.81a
B2	148.69	110.48b	183.11ab	115.09c	40.26d
B4		124.74a	168.85b	125.22b	52.61c
B6		110.81b	182.78ab	112.03c	36.54d
CK		94.63c	198.96a	82.05d	—

注：1. A2 为沃特保水剂 30 kg/hm²，A4 为沃特保水剂 60 kg/hm²，A6 为沃特保水剂 90 kg/hm²，B2 为微生物保水剂 30 kg/hm²，B4 为微生物保水剂 60 kg/hm²，B6 为微生物保水剂 90 kg/hm²，CK 为不施用保水剂。2. 同一列不同小写字母表示处理间差异显著（$P<0.05$）。

五、马铃薯经济效益分析

由表 3-8 可知，施用土壤保水剂均能不同程度提高马铃薯经济效益。施用微生物保水剂 B2、B4 处理纯收益分别显著较 CK 处理高 3 287.1 元/hm²

表 3-8　不同保水剂处理马铃薯的经济效益比较

处理	产量/(kg·hm⁻²)	收入/(元·hm⁻²)	投入/(元·hm⁻²)	纯收益/(元·hm⁻²)
A2	22 351.35b	18 998.69b	1 300	17 698.69a
A4	22 824.00ab	19 400.40ab	2 200	17 200.4a
A6	23 518.65a	19 990.90a	3 100	16 890.9ab
B2	21 073.65b	17 912.65c	1 150	16 762.65ab
B4	21 143.10b	17 971.64c	1 900	16 071.64b
B6	20 476.20c	17 404.77c	2 650	14 754.77c
CK	16 324.20d	13 875.57d	400	13 475.57d

注：马铃薯的价格为 0.85 元/kg；沃特保水剂价格为 30 元/kg；微生物保水剂价格均为 25 元/kg；用工费价格为 200 元/hm²；种子及肥料费为 400 元/hm²。

（24.4%）和 2 596.1 元/hm²（19.3%），而施用沃特保水剂 A2、A4 和 A6 处理分别显著较 CK 处理高 4 223.1 元/hm²（31.1%）、3 724.8 元/hm²（27.6%）、3 415.3 元/hm²（25.3%）。结合经济效益分析可知，在宁南旱地马铃薯生产中推荐施用沃特保水剂 30~60 kg/hm² 能显著提高马铃薯的经济效益。

第四节　讨论与结论

一、讨论

（一）土壤结构

相关研究（龙明杰等，2002）表明，施用保水剂能显著降低土壤容重，增加孔隙度。本研究认为，沃特保水剂和微生物保水剂，相对于不施保水剂处理，均可有效降低耕层土壤容重，改善土壤孔隙状况。汪亚峰等（2009）的研究表明，保水剂对土壤大团聚体形成的贡献，较小团聚体的影响大。本研究也发现，0~30 cm 土层>0.25 mm 机械稳定性团聚体数量施用保水剂各处理均较不施保水剂不覆盖处理明显提高。这是因为保水剂作为土壤改良剂施入土壤和黏粒间的相互作用属于表面特征，分子的舒展性能越好，越有利于絮凝，形成团粒结构，这与李继成等（2008）研究结论一致：土壤中施加保水剂后土壤团聚体含量均较对照显著提高，保水剂用量越大，团聚体含量越多。

（二）土壤水分

保水剂的应用能有效保持土壤中的水分，改善马铃薯生长的土壤水环境，并为后期需水关键期贮存必要的水分，保水剂施用量越大，土壤含水量越高，增产效果越显著（张朝巍等，2011a）。本研究结果表明，在马铃薯关键生育期，不同保水剂施用量，相对于对照处理，能明显提高 0~100 cm 土层土壤水分含量，以沃特保水剂不同施用量各处理保水保墒效果最佳，这是由于混施条件下，土壤入渗性能随保水剂浓度的增加而增大，且保水剂对土壤水分向下运动的影响与保水剂自身的吸水倍率和膨胀性能密切相关（白文波等，2010a）。

穆俊祥等（2017）研究认为，施用保水剂能提高 0~80 cm 层土壤含水量，且随保水剂用量的增加而增加，保水剂施用量为 55 kg/hm² 时马铃薯生长及节水抗旱效果最佳。杨永辉等（2010）研究表明，施用保水剂可显著提高作物各生育期 0~20 cm 土壤水分，并促进 20~100 cm 土层含水量，到收获期仍具有一定的保水性，施用 60~90 kg/hm² 处理的土壤水分含量较高。本研究结果也表明，施用保水剂能明显改善马铃薯主要生育期 0~100 cm 土层土壤水分状况，且随施用量增加土壤水分含量增高，这是因为保水剂能使更多吸纳的降水入渗到土壤，其土壤入渗性能随保水剂浓度的增加而增大，同时也有效抑制了土壤的地表蒸发（白文波等，2010a）。本研究还发现，微生物保水剂的土壤保水效果不及沃特保水剂，且施用沃特保水剂有利于深层土壤水分的提高。这与保水剂对土壤水分向下运动的影响以及保水剂自身的吸水倍率和膨胀性能密切相关（白文波等，2010a），沃特保水剂的吸水倍率和膨胀性能高于微生物保水剂，利于对深层水分的保蓄（侯贤清等，2015a）。沃特保水剂具有较强的吸水和释水性能，能吸蓄根际以下土层水分供作物利用，但微生物保水剂是一种富含生物菌种的多功能制剂，由于微生物保水剂中的高分子物质逐渐被微生物分解、消化吸收利用（崔亦华等，2007）其吸释水性能随生育期的推移、地温的升高而降低。

（三）马铃薯养分吸收

刘方春等（2011）研究表明，育苗基质中加入保水剂可促进育苗植株的生长和养分的吸收。本研究结果表明，施保水剂植株体内的养分积累量比不施保水剂显著增加，这与马焕成等（2004）的研究结果相似。保水剂可协调水肥耦合环境，提高肥料利用率，拌土施加保水剂可节肥 30%（赵兴宝，2005）。在本研究中发现，施用保水剂能明显促进作物对肥料的利用效率，施用沃特保水剂的提高效果明显地高于微生物保水剂。这可能是由于沃特保水剂能在马铃薯整个生育期保持较强的吸胀性能。同时发现，保水剂施用量越大，其提高肥料利用率的幅度越大，这与刘世亮等（2005）研究结果一致。保水剂对土壤养分具有保蓄作用，施用土壤保水剂能使土壤中养分的供给与植物对养分的需求同步（刘世亮等，2005）：一方面，在土壤中的养分较充分时，可吸附养分，起保蓄作用；另一方面，当植物生长需要土壤供给养分时，保水剂将其吸附的养分通过交换作用供给植物。本研究发现，施用保水剂后可增加土壤速效养分的含量，且随保水剂施用量的增加，其速效养分含量显著增加。分析原因可能由于保水剂的施用降低了土壤容重,促进土壤结构的改善,相应地增加土壤有效水贮量,供水条件的明显改善促进作物的生长和根系发育,随着根系的生长,使得根系分泌物增加,促进土壤中减缓养分的分解并释放到土壤环境中,使土壤中有速效养分含量的增加,这与刘世亮等(2005)研究结果相似。

（四）马铃薯生长

施用保水剂可调节作物生长的土壤微环境, 显著改善作物的生长状况(廖佳丽等,2009)。本研究结果发现,施用微生物保水剂能促进马铃薯前期植株生长,施用沃特保水剂对马铃薯生育后期的生长作用效果显著。这是由于施用微生物保水剂改善了马铃薯初花期土壤水分状况,而施用沃特保水剂提高马铃薯后期土壤水分含量,促进了作物的生长(侯贤清等,2015d)。研究表明,施用大粒保水剂有利于根系的发育,施用中粒保水剂能促进植株根茎叶干物质的积累,施用粉末状保水剂则能提高土壤有效水含量,促进植株生长(崔娜等,2011)。本研究发现,施用微生物保水剂可显著提高马铃薯前期地上部生物量,而施用沃特保水剂可显著提高马铃薯生育后期地上部生物量。这是由于沃特保水剂的保水作用改善了马铃薯块茎膨大和成熟期土壤水分状况,缓解马铃薯生育后期的干旱,促进了作物的生长(李倩等,2013),而施用微生物保水剂能明显改善马铃薯生育前期耕层土壤水分状况,促进马铃薯生育前期的生长(侯贤清等,2015b)。

（五）马铃薯产量

秦舒浩等(2013)的研究发现,马铃薯穴施处理保水剂,提高大薯率,降低小薯率,使薯块产量有所提高。叶林春等(2010)研究认为,地膜覆盖并施用保水剂处理能提高大中薯率和商品薯率。李倩等(2017)发现,与不施保水剂处理相比,施用保水剂处理能提高马铃薯产量和商品薯率,降低小薯率。黄伟等(2015)认为,穴施、涂层和保水剂拌种均可提高马铃薯商品薯率,以穴施效果最佳。侯贤清等(2015a,b)研究结果表明,沃特保水剂按1∶100比例与水制成凝胶进行穴施能够显著增加马铃薯产量和商品薯率,以施用保水剂60~90 kg/hm² 效果最佳。本研究也发现,沃特保水剂按1∶10比例与细土混合穴施90 kg/hm² 时马铃薯增产效应最佳,施用沃特保水剂60 kg/hm² 时商品薯率最高。可见,沃特保水剂不论与水制成凝胶穴施,还是与细土混合穴施均能达到保水增产的效果,原因在于马铃薯块茎膨大期对水分敏感,沃特保水剂具有快速吸水、保水、缓慢释水的特性,能有效保持土壤中多余的水分,改善土壤水环境(杨永辉等,2006),促进后期马铃薯干物质积累和块茎形成,因而使块茎产量提高(杨永辉等,2010),而微生物保水剂的主要成分为生物菌种多功能制剂,在生育中期可能部分被微生物降解,降低了其保水剂的保水性能,根系周围的水分含量降低,匍匐茎阶段生长量较小,因而块茎产量较低(侯贤清等,2015a)。

凌永胜等(2010)研究结果表明,在闽南红壤土丘陵旱作区马铃薯生产应用中,以沟施保水剂 60 kg/hm² 用量的增产增收效果最佳。而杜社妮等(2007a)研究认为,在陕北黄土丘陵沟壑区,在马铃薯生产应用中穴施沃特保水剂以 30~45 kg/hm² 为宜。半干旱偏旱区施用土壤保水剂对马铃薯增产效应与南方红壤、北方黄土丘陵区不同,除与保水剂自身吸水保水特性,更重要的是保水剂对土壤的直接和间接效应(如改良土壤结构以及保水剂施用方式对土壤水分下移造成的植物根际水分不均衡分布等)。在本研究中,穴施沃特保水剂 60~90 kg/hm² 对马铃薯产量和商品薯率提高效果最佳。

(六)马铃薯水分利用效率及经济效益分析

杜社妮等(2012)研究表明,保水剂不同施用方式的作物耗水量与对照无显著性差异,但显著提高了水分利用效率。秦舒浩等(2013)研究发现,施用不同类型的保水剂均能显著提高马铃薯田的水分利用效率,这种改善效果因保水剂的种类不同而异。本研究结果表明,作物的水分利用效率的变化且随保水剂施用量的增大而提高,以施用沃特保水剂 60~90 kg/hm² 时提高马铃薯水分利用效率效果最佳,这是由于保水剂的保水保墒效应改善马铃薯生育期土壤水分状况,促进了作物的地上部干物质积累,这有利于同化产物向块茎的转移运输,促进块茎的生长发育(刘殿红等,2008),使马铃薯的产量和水分利用效率显著提高(侯贤清等,2015b),结合经济效益分析可知,宁夏中南部旱地马铃薯生产中推荐施用沃特保水剂 60 kg/hm²,这与廖佳丽等(2009)和刘殿红等(2008)研究结果一致。

二、结论

1. 保水剂能有效降低耕层土壤容重,改善土壤孔隙状况,施用沃特保水剂 90 kg/hm² 效果显著。施用保水剂使耕层>0.25 mm 机械稳定性团聚体数量较不施保水剂处理有显著提高。

2. 沃特保水剂施入土壤,改善了土壤结构,加速土壤有机物质的分解与矿化,促进土壤速效养分的转化供应,保蓄了土壤中的养分。

3. 在马铃薯关键生育期,施用保水剂能显著改善土壤的水分状况,且保水剂施用量越大,其保蓄效果越好,尤其施用沃特保水剂。微生物保水剂能明显改善马铃薯生育前期耕层土壤水分状况,而施用沃特保水剂可显著改善马铃薯生育中后期深层土壤水分含量。

4. 施微生物保水剂能促进马铃薯初花期生长,进入块茎膨大期施用沃特保水剂效果显著。不同保水剂施用量植株养分含量和积累量显著提高,有利于提高氮素、磷素、钾素的利用率,且随保水剂施用量的增加,其养分利用率越高。

5. 不同保水剂施用量均能不同程度提高马铃薯的产量和商品薯率。与不施保水剂处理相比,施用沃特保水剂 90 kg/hm² 的马铃薯增产效果最佳,施用沃特保水剂 60 kg/hm² 的商品薯率最高。与不施保水剂相比,施用沃特保水剂 60~90 kg/hm² 时作物水分利用效率增幅最大。

结合经济效益分析可知,在宁夏中南部旱地马铃薯生产中,推荐施用沃特保水剂 30~60 kg/hm²,能显著提高马铃薯的经济效益,具有较好的应用推广价值。

第四章 连续施用保水剂对土壤物理性质及马铃薯产量的影响

保水剂是一种具有超强吸水、释水和保水能力的高分子聚合物(黄占斌等,2016),能迅速吸收比自身重几百倍的纯水,对提高干旱区土壤保水性(冉艳玲等,2015)、降低土壤蒸发(李继成等,2008)、改良土壤结构(汪亚峰等,2009)、促进作物生长(郭书亚等,2012)、提高作物产量和水肥利用效率(杜社妮等,2007b)都具有很好的效果。众多盆栽与田间试验研究表明,保水剂主要对小麦(武继承等,2011)、玉米(杜社妮等,2008)、马铃薯(李倩等,2013)和棉花(吴湘琳等,2014)等作物有增产效应,尤其在干旱年份中效果更为显著(党秀丽等,2006)。此外,保水剂还具有用量少、见效快、应用范围广等优点,因而在旱作节水农业中得到广泛的应用(黄占斌等,2016)。

基于保水剂对其理化特性的比较和评价以及土壤和作物生长的影响(Bai,et al.,2009),农业中许多实验室和大田试验研究主要集中在保水剂新材料和新产品的开发上(Andry,et al.,2009;Liu,et al.,2009)。许多研究集中在基于保水剂的重复性吸持水效果的实验室测定上(Chen,et al.,2004)。然而在大田试验应用中,保水剂还受到环境条件的影响,如土壤温度、湿度、微生物和土壤干湿交替(Bai et al. 2010,2013)。目前国内外研究的保水剂会因种类、粒径大小、施用方式及施用量的不同,对植株生长的影响效果不一,使得实际生产中保水剂的应用效果千差万别(杜社妮等,2012;黄伟等,2014)。保水剂施于土壤后对土壤物理性质及作物产量和经济效益等方面的研究已有较多积累,但结合半干旱地区土壤特征和农业生产的应用研究还比较缺乏。

宁夏中部半干旱地区春季干旱少雨,特别是马铃薯苗期干旱缺水,土壤质地黏重,通透性差等问题,严重影响作物的生长发育。该区年际降水变率大,年内降水分布不均,且施用保水剂可改善土壤物理结构,但其性能的发挥受当年作物关键生育期降水量多寡的影响较大。因此,本研究以沃特保水剂和微生物保水剂与细土混施为对象,连续两年开展田间试验,研究不同保水剂施用量对土壤容重、马铃薯关键生育期土壤水分及作物生长、产量的影响及经济效益对比分析,探寻适合宁夏中部半干旱区马铃薯田保水剂种类、施用方式及最佳施用量,为促进该区马铃薯合理应用保水剂提供科学参考。

第一节 试验设计与测定方法

一、试验区概况

试验点概况与第二章相同(略)。试验地多年平均降水量和2013—2014年马铃薯生育期降水情况见表4-1。2013年降水量为191.2 mm,其中马铃薯生育期降水量为144.9 mm, 占全年的75.8%;2014年降水量为355.1 mm,其中马铃薯生育期降水量为288.5 mm,占全年的81.2%。

表4-1 试验期间(2013—2014)降水量(mm)

年份	1月	2月	3月	4月	5月	6月	7月	8月	9月	10月	11月	12月	全年
2013	1.0	2.5	1.8	10.6	21.2	32.9	29.1	28.2	33.5	28.0	1.6	0.8	191.2
2014	0	6.1	11.6	30.6	9.1	47.8	68	64.4	99.2	13.5	4.8	0	355.1
多年平均	2.2	3.2	5.9	13.7	23.6	33.3	39.4	50.6	48.1	21.5	5.9	1.5	247.1

二、试验设计

(一)试验材料

马铃薯品种:2013年,冀张薯8号,一级种,中晚熟品种,由固原市天启薯业有限公司提供;2014年,陇薯3号,一级种,由宁夏农垦局良种繁育经销中心提供。

保水剂试验材料与第二章相同(略)。

（二）试验设计

于 2013 年 5 月—2014 年 10 月连续两年在宁夏同心县王团镇高效节水农业科技园区进行。试验保水剂类型选用沃特保水剂（有机–无机杂化保水剂）和微生物保水剂（生物菌种多功能制剂）。2013 年和 2014 年试验设计相同，设置保水剂的施用水平分别为 30、60、90 kg/hm²，以不施保水剂处理为对照，共 7 个处理，具体试验设计如表 4–2。

表 4–2　抗旱保水剂不同施用量试验设计

区组设计	保水剂施用量/(kg·hm⁻²)		
	30	60	90
沃特保水剂	W30	W60	W90
微生物保水剂	M30	M60	M90
不施用保水剂	CK		

按试验设计保水剂用量计算出试验小区的用量，将保水剂与小区内的细土按 1:10 充分混合均匀后，根据小区植株密度（108 株/26 m²）计算出两种保水剂不同穴施量（7.9 g/穴、15.8 g/穴和 23.8 g/穴），按各处理不同保水剂施用量要求施入种植穴底部（穴长、宽均为 15 cm，深 15 cm）后覆土 5 cm。

（三）田间管理

田间管理与第二章相同（略）。

三、测定指标与方法

（一）土壤物理性质指标

土壤容重、孔隙度及土壤水分：测定方法同第二章（略）。

土壤贮水量、作物耗水量和水分利用效率的计算方法同第二章（略）

（二）马铃薯生长指标

马铃薯关键生育期植株株高、茎粗及地上部生物量：测定方法同第二章（略）。

作物产量：测定方法同第二章（略）。根据投入和产出评析其经济效益。

（三）统计分析

· EXCEL 2003 作图,采用 SAS 8.0 分析软件对数据进行统计分析。

第二节 连续施用保水剂对土壤物理性质的影响

一、土壤容重和总孔隙度

土壤容重是土壤的基本物理性质,对土壤的透气性、入渗性能、持水能力及抗侵蚀能力都有非常大的影响。如表 4-3,各处理土壤容重随土层的加深而增加, 且随保水剂施用量和施用年限的增加, 对改善土壤容重的效果增强。2013 年马铃薯收获期,穴施保水剂处理下 0~30 cm 土层土壤容重比 CK 处理降低 3.1%~5.2%,30~60 cm 土层降低 1.8%~5.8%。2014 年马铃薯收获期, 穴施保水剂处理下 0~30 cm 土层土壤容重比 CK 处理降低 2.9%~8.7%, 30~60 cm 土层比 CK 处理降低 2.6%~6.4%。两年研究结果表明,两种保水剂不同施用量,比 CK 处理均可有效降低土壤容重,改善土壤结构,以穴施沃特保水剂 90 kg/hm²(W90)改善效果最为显著。

两年马铃薯收获期,穴施保水剂后土壤通气能力明显加强,使耕层土壤

表 4-3 不同保水剂使用量下 0~60 cm 土壤容重与孔隙度的变化

| 年份 | 处理 | 0~30 cm | | 30~60 cm | |
------	------	土壤容重 /(g·cm⁻³)	土壤孔隙度 /%	土壤容重 /(g·cm⁻³)	土壤孔隙度 /%
	W30	1.655a	37.55a	1.778ab	32.91ab
	W60	1.647a	37.85a	1.732ab	34.64ab
	W90	1.631a	38.45a	1.712b	35.40a
2014	M30	1.666a	37.13a	1.723ab	34.98ab
	M60	1.656a	37.51a	1.723ab	34.98ab
	M90	1.650a	37.74a	1.706b	35.62a
	CK	1.720a	35.09a	1.810a	31.70b

年份	处理	0~30 cm		30~60 cm	
		土壤容重 /(g·cm⁻³)	土壤孔隙度 /%	土壤容重 /(g·cm⁻³)	土壤孔隙度 /%
2015	W30	1.646ab	37.89ab	1.701ab	35.81ab
	W60	1.605b	39.43a	1.692ab	36.15ab
	W90	1.559b	41.17a	1.648b	37.81a
	M30	1.658ab	37.43ab	1.715ab	35.28ab
	M60	1.653ab	37.62ab	1.708ab	35.55ab
	M90	1.642ab	38.04ab	1.686ab	36.38ab
	CK	1.708a	35.55b	1.761a	33.55b

注:1. W30 为沃特保水剂 30 kg/hm²,W60 为沃特保水剂 60 kg/hm²,W90 为沃特保水剂 90 kg/hm²,M30 为微生物保水剂 30 kg/hm²,M60 为微生物保水剂 60 kg/hm²,M90 为微生物保水剂 90 kg/hm²,CK 为不施用保水剂。2. 同一列不同小写字母表示处理间差异显著($P<0.05$)。

孔隙度较高,能有效改善耕层土壤孔隙状况(表 4-3)。2013 年,穴施保水剂 W30、W60、W90、M30、M60、M90 处理 0~60 cm 层平均土壤孔隙度分别高于 CK 处理 5.5%、8.5%、10.6%、7.9%、8.5%和9.8%;2014 年, 穴施保水剂 W30、W60、W90、M30、M60、M90 处理平均土壤孔隙度分别高于 CK 处理 6.7%、9.4%、14.3%、5.2%、5.9%和7.7%。与不施保水剂处理相比, 施用沃特保水剂 90 kg/hm² 耕层土壤孔隙度较高。

二、马铃薯关键时期土壤水分

马铃薯生长对土壤水分比较敏感,研究马铃薯关键生育期土壤贮水量的变化,有助于分析土壤水分变化与作物生长的关系。如图 4-1 是马铃薯关键生育期不同处理 0~100 cm 土层土壤贮水量变化。2014 年马铃薯生育期各处理土壤贮水量高于 2013 年,这与该年份作物生育期降水量明显高于 2013 年有关。在马铃薯初花期,施用保水剂各处理 0~100 cm 土层土壤贮水量均较对照显著增加,且保水剂施用量越大,对土壤水分的保蓄效果越好。2013 年不同保水剂施用量各处理土壤贮水量分别较 CK 显著增加 19.8%~38.6%,以 W90、M60 和 M90 处理提高幅度最大，分别较 CK 处理提高 32.8%、33.3% 和 38.6%;2014 年施用沃特保水剂 W30、W60 和 W90 处理 0~100 cm 土层土壤 贮水量均较 CK 处理显著增加 8.9%、17.1% 和 20.2%,而施用微生物保水剂各 处理与对照无显著差异。

　　马铃薯块茎膨大期是作物需水关键生育期,作物耗水增加,而降水相对 偏少,各处理土壤水分含量有所降低。2013 年不同保水剂各处理 0~100 cm 土层贮水量均较 CK 处理有不同程度的增加，其中 W30、W60、W90 处理较 CK 处理显著增加 25.5%~33.6%;2014 年施用保水剂各处理 0~100 cm 土层 土壤贮水量均显著高于 CK,W30、W60、W90 和 M30、M60、M90 处理分别较 CK 处理显著提高 20.1%、33.6%、43.3%、18.5%、22.9% 和 22.4%。马铃薯进入 成熟期,有降水的补充,使土壤水分含量有所恢复。2013 年施用保水剂各处 理能显著提高 0~100 cm 土层土壤贮水量,以沃特保水剂保水效果显著;2014 年除 M30 处理外,保水剂不同施用量各处理,相对于不施保水剂处理,显著 提高了 0~100 cm 土层土壤贮水量。W30、W60、W90、M60 和 M90 处理分别较 CK 处理提高 26.0%、29.1%、29.4%、18.4% 和 22.9%,以施用沃特保水剂 W60 和 W90 处理提高幅度最大。

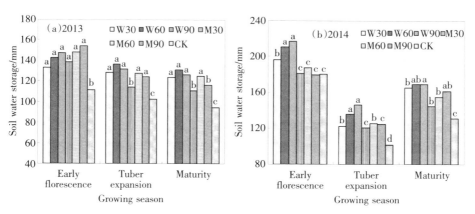

图 4-1　不同保水剂施用量对马铃薯关键生育期土壤贮水量的影响

注:同一生育期,不同小写字母表示处理间差异显著(*P*<0.05)。

第三节　连续施用保水剂对马铃薯生长与产量的影响

一、马铃薯生长

施用保水剂可调节作物生长的土壤微环境,显著改善马铃薯的生长发育状况。马铃薯株高和茎粗是反映其地上部位生长情况的两个重要指标。由表4-4可知,2013年不同处理下马铃薯关键生育期株高的变化呈先升高后降低

表4-4　不同保水剂施用量对马铃薯生长的影响

年份	处理	株高/cm			茎粗/mm		
		初花	块茎膨大	成熟	初花	块茎膨大	成熟
2013	W30	46.4b	70.6a	62.6a	18.35b	14.88b	15.03a
	W60	50.6b	73.6a	66.8a	18.75b	15.61ab	15.24a
	W90	55.8a	74.2a	68.7a	18.88b	16.46a	15.11a
	M30	55.4a	63.2b	56.0b	19.37a	14.74b	14.08b
	M60	57.0a	67.8ab	59.0b	19.84a	15.05b	14.71b
	M90	58.0a	69.8a	55.0b	20.09a	15.24b	14.63b
	CK	40.6c	61.2b	50.2c	17.01c	14.06c	13.11c
2014	W30	40.1a	57.0bc	61.3c	13.1ab	18.0b	17.5b
	W60	41.1a	60.5b	66.8a	13.4ab	18.7ab	18.4ab
	W90	41.9a	64.8a	63.2b	14.3a	19.3a	19.2a
	M30	39.3a	56.3c	57.0d	12.9ab	16.3c	17.1b
	M60	40.7a	62.0ab	66.3a	13.0ab	16.8c	18.3ab
	M90	40.8a	61.7b	60.3c	13.5ab	18.4b	17.4b
	CK	38.3a	54.0c	56.9d	12.4b	14.9d	16.2c

注:1. W30 为沃特保水剂 30 kg/hm², W60 为沃特保水剂 60 kg/hm², W90 为沃特保水剂 90 kg/hm², M30 为微生物保水剂 30 kg/hm², M60 为微生物保水剂 60 kg/hm², M90 为微生物保水剂 90 kg/hm², CK 为不施用保水剂。2. 同一列不同小写字母表示处理间差异显著($P<0.05$)。

的趋势。在马铃薯初花期，施用微生物保水剂各处理与 CK 处理差异显著，M30、M60 和 M90 处理株高分别较 CK 处理显著提高 36.5%、40.4%和 42.9%，而在马铃薯膨大后期施用沃特保水剂各处理与对照差异显著，W30、W60、W90处理在膨大后期植株平均株高分别较 CK 处理显著提高 19.6%、26.0%、28.3%。

在马铃薯关键生育期，不同处理下植株茎粗表现为下降的趋势（表 4-4）。初花期施用微生物保水剂 M30、M60、M90 处理显著高于 CK 处理 13.9%、16.6%和 18.1%，在块茎膨大期和成熟期，施用沃特保水剂 W30、W60 和 W90处理分别较 CK 处理显著增加 10.1%、13.5%和 16.2%。2014 年，在马铃薯生育前期（初花期），不同保水剂施用量各处理植株株高分别较 CK 处理提高1.6%~11.8%，差异不显著。而在马铃薯生育中后期（块茎膨大—成熟期）施用不同保水剂各处理与 CK 处理差异显著。其中，W60、W90、M60 处理植株平均株高分别较 CK 处理显著提高 14.8%、15.4%和 15.7%。在马铃薯关键生育期测定其主茎粗（表 4-4）发现，不同生长阶段其茎粗表现为升高的趋势。在生育前期，施用保水剂各处理（除 W90 外）均高于 CK 处理，差异不显著。在马铃薯块茎形成期和膨大期，施用保水剂各处理均显著高于 CK 处理，其中 W60、W90 处理分别较 CK 处理增加 14.6%和 17.8%。可见，施用沃特保水剂能明显促进马铃薯生育后期植株的生长。

二、马铃薯产量和商品薯率

由图 4-2 可知,2014 年马铃薯产量和商品薯率明显高于 2013 年，这与2014 年作物生育期降水量远高于 2013 年有关,不同保水剂施用量处理均能显著提高马铃薯的产量和商品薯率。2013 年,施用保水剂处理比对照增产幅度为 25.4%~44.1%,以施用沃特保水剂的增产效果最佳。W30、W60、W90 处理马铃薯产量分别较 CK 处理显著提高 36.9%、39.8%和 44.1%;M30、M60、M90 处理分别显著提高 29.1%、29.5%和 25.4%;施用保水剂条件下马铃薯商品薯率较 CK 处理提高 7.8%~20.9%,以 W60 和 M30 提高效果最佳。2014 年,施用保水剂处理比不施保水剂处理能显著增产，以施用沃特保水剂 W90 处理马铃薯产量和商品薯率最高($37\ 164\ kg/hm^2$ 和 96.3%)。W60、W90、M90 处理马铃薯产量分别较 CK 处理提高 37.7%、56.9%和 39.0%，商品薯率分别提高 13.3%、16.2%和 13.8%。

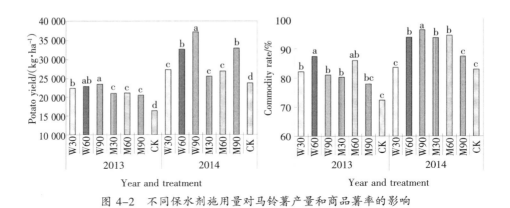

图 4-2　不同保水剂施用量对马铃薯产量和商品薯率的影响

第四节　连续施用保水剂对水分利用效率与经济效益的影响

一、马铃薯耗水量和水分利用效率

在 2013 年的干旱生长季节,>50%的总耗水量来自作物播种期土壤贮存的水分,而 2014 年>50%的总耗水量来自湿润生长季节的降水。作物耗水量(ET)和水分利用效率(WUE)的显著变化与生长季节降水和保水剂应用有关,施用保水剂改善了土壤水分状况,降低作物水的分消耗,增加了作物的水分利用效率(表 4-5)。在两年研究期间,与 CK 处理相比,保水剂处理下作物耗水量显著降低。W30、W60、W90、M30、M60、M90 处理平均 ET 较 CK 处理分别显著降低 9.3%、9.4%、9.0%、5.5%、11.1%和 6.8%。

作物水分利用效率的显著变化与生长季节的降水和保水剂的应用有关。因此计算水分利用效率以评估连续施用保水剂对作物水分利用效率的影响(表 4-5)。各处理的作物水分利用效率 2013 年排序为 W90>W60>W30>M60>M30>M90>CK;2014 年排序为 W90>M90>W60>M60>W30>M30>CK。施用保水剂可显著增加作物水分利用效率,W30、W60、W90、M30、M60 和 M90 处理两年平均 WUE 分别较 CK 处理显著增加 43.4%、58.7%、70.1%、27.8%、39.8%和41.7%。因此,施用沃特保水剂对提高作物水分利用效率效果优于微生物保水剂。

表4-5 不同保水剂施用量对马铃薯耗水量和水分利用效率的影响

年份	处理	生育期降水/mm	作物耗水量/mm	产量/(kg·hm⁻²)	水分利用效率/(kg·hm⁻²·mm⁻¹)
2013	W30	144.9	169.89b	22 351.4b	131.56b
	W60		162.83b	22 824.0a	140.17a
	W90		163.04b	23 518.7a	144.25a
	M30		183.11ab	21 073.7b	115.09c
	M60		168.85b	21 143.1b	125.22b
	M90		182.78ab	20 476.2c	112.03c
	CK		198.96a	16 324.2d	82.05d
2014	W30	288.5	325.42b	27 298.7c	83.9c
	W60		331.85b	32 606.0b	98.3bc
	W90		333.77b	37 164.0a	111.3a
	M30		333.21b	25 608.9c	76.9cd
	M60		316.82c	26 866.7c	84.8c
	M90		326.4bc	32 904.9b	100.8b
	CK		347.14a	23 680.0d	68.2d

注：1. W30 为沃特保水剂 30 kg/hm²，W60 为沃特保水剂 60 kg/hm²，W90 为沃特保水剂 90 kg/hm²，M30 为微生物保水剂 30 kg/hm²，M60 为微生物保水剂 60 kg/hm²，M90 为微生物保水剂 90 kg/hm²，CK 为不施用保水剂。2. 同一列不同小写字母表示处理间差异显著（$P<0.05$）。

二、经济效益分析

由表 4-6 可知，施用土壤保水剂均能不同程度提高马铃薯的经济效益。2013 年施用沃特保水剂 W30、W60、W90 处理纯收益均显著高于 CK 处理 4 223.1 元/hm²（31.1%）、3 724.8 元/hm²（27.6%）和 3 415.3 元/hm²（25.3%），保水剂处理间差异不显著。而施用微生物保水剂 M30、M60、M90 处理纯收益分别显著高于 CK 处理 3 287.0 元/hm²（24.4%）、2 596.0 元/hm²（19.3%）和 1 279.2 元/hm²（9.5%）。2014 年，施用沃特保水剂 W60、W90 处理纯收益分别

比 CK 处理高 5 787.1 元/hm²（29.3%）和 8 761.4 元/hm²（44.4%），施用微生物保
水剂 M90 处理纯收益比 CK 处理高 5 591.2 元/hm²（28.3%），经济效益显著。

表 4-6　不同保水剂处理下马铃薯经济产量和效益比较

年份	处理	投入 /(元·hm⁻²)	产出 /(元·hm⁻²)	纯收益 /(元·hm⁻²)
	W30	1 300	18 998.7	17 698.7
	W60	2 200	19 400.4	17 200.4
	W90	3 100	19 990.9	16 890.9
2013	M30	1 150	17 912.6	16 762.6
	M60	1 900	17 971.6	16 071.6
	M90	2 650	17 404.8	14 754.8
	CK	400	13 875.6	13 475.6
	W30	1 300	23 203.9	21 903.9
	W60	2 200	27 715.1	25 515.1
	W90	3 100	31 589.4	28 489.4
2014	M30	1 150	21 767.6	20 617.6
	M60	1 900	22 836.7	20 936.7
	M90	2 650	27 969.2	25 319.2
	CK	400	20 128.0	19 728.0

注：马铃薯的价格为 0.85 元/kg，沃特保水剂价格为 30 元/kg，微生物保水剂价格为
25 元/kg，肥料及用工费为 400 元/hm²。

<h2 style="text-align:center">第五节　讨论与结论</h2>

一、讨论

（一）土壤结构

Bai,et al.,（2010）发现，与 CK 处理相比，施用保水剂土壤容重可减少

5.5%~9.4%,特别是当相对土壤水分含量 40%~50%适度水分亏缺时。杨永辉
(2011)研究表明,保水剂与氮肥配施后,土壤大孔隙数及孔隙度均显著提高,
显著提高了土壤的结构稳定性,降低了土壤容重。高超等(2005)将聚丙烯酸
钾盐型保水剂施用在红壤上发现,保水剂吸水膨胀,使土壤变得疏松,孔隙度
增加容重降低,土壤容重随保水剂施用量的增加,降低的程度增大。本研究也
表明,施用两种保水剂均能降低土壤容重,使耕层土壤孔隙度升高,其效果随
施用量的增加而增强,有效改善了耕层土壤的孔隙结构。这是由于保水剂中
的干燥颗粒吸水膨胀后粒径可达 30~40 mm,在吸水过程可形成大量孔隙,改
善土壤的孔隙结构(El–Amir,et al.,1993;韩玉国等,2012)。本研究还发现,施
用沃特保水剂可有效降低 0~30 cm 层土壤容重, 微生物保水剂对 30~60 cm
层土壤容重最显著。这可能与保水剂的成分有关,沃特保水剂(有机–无机杂
化保水剂)具有较高的吸水率和体积膨胀率,能显著降低表层土壤容重,而微
生物保水剂(微生物多功能菌株)可加强微生物活性,从而改善耕层土壤孔隙
结构(侯贤清等,2015a)。

（二）土壤水分

杨永辉等(2010)研究表明,施用保水剂显著提高作物生育期 0~100 cm 土
层的土壤水分含量,且到收获期仍具有保水性,施用 60 kg/hm² 和 90 kg/hm² 处
理的土壤水分含量较高。本研究发现,与其他处理相比,施用 60 kg/hm² 和
90 kg/hm² 保水剂处理各生育期土壤水分和贮水量的较高, 而水分消耗量减
少。杜社妮等(2007b)研究认为,沃特保水剂可吸收降水,提高土壤含水量,且
土壤水分随施用量的增大而提高。张蕊等(2013a)也发现,施用保水剂显著提
高土壤水分、番茄产量及水分利用效率。本研究结果表明,不同保水剂施用
量,相对于不施保水剂处理,明显提高了 0~100 cm 土层土壤贮水量,其中沃
特保水剂不同施用量的保水效果最佳。这主要由于沃特保水剂的保水、释水
性能与自身的吸水倍率高和膨胀性能强密切相关 (Bai,et al.,2010;Liu,et
al.,2013),沃特保水剂的吸水倍率和膨胀性能高于微生物保水剂,土壤水分
的保蓄效果较好(Hou,et al.,2018)。

（三）马铃薯生长

黄占斌等(2007)盆栽试验证明,复合型保水剂对作物生长有促进作用,
要明显好于单纯的聚丙烯酸钠型保水剂。吴继成等(2011)研究表明,地面覆

盖和保水剂利于改善小麦生长环境,将两者相结合可发挥其叠加效应,能进一步改善土壤的水分状况,促进小麦生长发育。本研究结果表明,施用保水剂能有效促进马铃薯植株的生长,尤其沃特保水剂在马铃薯生育后期效果更为突出。主要由于沃特保水剂为复合型保水剂,结构中含有利于植物生长的营养成分(如腐殖酸、稀土元素和凹凸棒等),保水剂与土壤混合后,使土壤中形成较好的团粒结构,为植物生长发育提供了优良的环境(黄占斌等,2007;Li,et al.,2013b)。

(四)马铃薯产量及经济效益

李倩等(2013)研究表明,覆盖措施结合保水剂可缓和土壤旱情,降低马铃薯小薯率,显著增加了马铃薯产量和商品薯率。张朝巍等(2011a)研究也发现,不同保水剂施用量均能不同程度地提高马铃薯的产量和商品薯率。本研究结果表明,施用不同保水剂的马铃薯产量和商品薯率均显著高于对照,其中施用沃特保水剂 60~90 kg/hm² 时,马铃薯的商品薯率最高,增产效果最好,这与前人研究结果一致。刘殿红等(2008)指出,在考虑保水剂的增产效果时,还必须考虑其经济效益。本研究发现,旱作马铃薯推荐施用沃特保水剂 60~90 kg/hm²,能显著提高马铃薯产量与经济效益。究其原因主要由于保水剂的施用能改善马铃薯生长的土壤水分状况,促进作物生长和产量的形成(刘殿红等,2008;李倩等,2013)。

(五)马铃薯水分利用效率

杜社妮等(2007b)发现,从播种到收获阶段,保水剂和对照马铃薯耗水没有差异。在开花期和收获期,沃特保水剂和聚丙乙酰胺(作为改良剂的聚合物)的水分利用效率及水分生产效率均显著高于对照。张朝巍等(2011b)研究报道,施用保水剂处理群体水平水分利用效率和产量水平水分利用效率均最高。Woodhouse and Johnson(1991)和秦舒浩等(2013)研究发现,施用不同类型的保水剂均能显著提高马铃薯田的水分利用效率,这种改善效果因保水剂的种类不同而异。本研究也表明,施用沃特保水剂和微生物保水剂能显著增加作物水分利用效率,随着保水剂施用量的增加作物的水分利用效率而提高,以沃特保水剂获得的效果最佳。这是由于保水剂的施用可改善作物生长的土壤环境,显著提高马铃薯的产量和水分利用效率(Varennes and Queda,2005;杨永辉,2010;秦舒浩等,2013)

二、结论

1. 在宁夏中部半干旱地区农田，土壤容重随保水剂用量的增加而降低。施用保水剂能有效降低耕层土壤容重，改善土壤孔隙状况，施用沃特保水剂90 kg/hm² 效果显著。

2. 两种保水剂具有改善土壤水分状况的效果，并显著促进马铃薯开花前期生长，较高的保水剂施用量其保水保土效果最好。相反，沃特保水剂吸水性和膨胀性较高，显著促进马铃薯块茎膨大至收获期的生长。

3. 随着保水剂用量的增加其马铃薯产量和水分利用效率增加。当沃特保水剂用量达到 90 kg/hm² 时，马铃薯产量和水分利用效率最高；沃特保水剂施用量为 60 kg/hm² 时，马铃薯的商品薯率最高。因为沃特保水剂可改善作物生长后期的土壤水分环境，从而显著提高作物产量和水分利用效率。施用沃特保水剂 60 kg/hm² 和 90 kg/hm² 能够增加农民收入。

通过两年研究结果表明，保水剂的应用可有效改善土壤物理性质，从而增加马铃薯块茎产量和水分利用效率。同时，在旱作马铃薯生产中施用沃特保水剂 60 kg/hm² 和 90 kg/hm² 将增加经济效益。根据两年的研究结果也发现，保水剂的应用效果随着保水剂用量的增加而增加，这一结果应结合多年大田试验数据进一步研究和验证。结合经济效益分析可知，推荐施用沃特保水剂 60~90 kg/hm² 能实现马铃薯增产增收，也可应用于年降水量 300 mm 其他类似的半干旱地区。

第五章　不同保水剂与肥料配施对土壤物理性质及马铃薯产量的影响

　　宁夏中部干旱带年降水量为 250 mm 左右,早春干旱严重影响到作物的春播（刘小平,2013）。水分不足和年降水量分布不均严重限制了作物生长（Wang,et al.,2009）。由于该地区土地瘠薄,气候干旱少雨,加之马铃薯对水分亏缺非常敏感,导致其单产水平很低,制约了当地经济的发展（廖佳丽等,2008）。因此,抗旱节水成为提高宁夏优势特色作物产量、发展马铃薯产业的重要技术措施。

　　保水剂具有很强的吸水、保水能力,能迅速吸收自身重量几百倍甚至上千倍的水分,且有反复吸水的能力,吸纳后的水分可缓慢释放供作物利用（杜社妮等,2007a）。大量研究表明,保水剂在干旱少雨地区使用效果良好,能增强土壤保水性,改良土壤结构,提高水肥利用率。具有用途广、投资少、见效快,在农业生产等诸多方面具有较广泛的应用发展前景（杜太生等,2000;李开扬和任天瑞,2002;黄占斌等,2002;崔英德等,2003）。保水剂的使用可提高作物出苗率和成活率,促进作物生长发育,增强了抗旱性,提高了作物的干物质积累、产量和水分利用率（孙宏义等,2005;王启基等,2005）。

　　但目前保水剂结合当地气候和土壤等条件的使用技术不完善及作用机制的研究还不够深入,同时保水剂会因种类、粒径大小、施用方式及施用量的不同,对植株生长的影响效果不一,使得实际生产中保水剂的保墒保肥效果千差万别（黄占斌和夏春良,2005;刘殿红等,2008）。因此,针对宁夏中部干旱带马铃薯种植生产中干旱少雨,土壤蒸发强烈和低产等突出问题,设置两种土壤保水剂的不同施用量与生物有机肥进行混施,分析保水剂与生物有机肥混施对土壤物理性质、马铃薯生长及产量影响,探寻马铃薯田的保水剂与生物有机肥混施的最佳用量,为促进宁夏中部干旱带马铃薯合理应用保水剂提供科学参考。

第一节　试验设计与测定方法

一、试验区概况

试验点概况与第二章相同(略)。试验地多年平均降水量和2014—2015年马铃薯生育期降水情况见表5-1。2014年降水量为355.1 mm,其中马铃薯生育期降水量为288.5 mm, 占全年的81.2%;2015年降水量为238.3 mm,其中马铃薯生育期降水量为168.2 mm,占全年的70.6%。

表5-1　试验期间(2014—2015)降水量(mm)

年份	1月	2月	3月	4月	5月	6月	7月	8月	9月	10月	11月	12月	全年
2014	0	6.1	11.6	30.6	9.1	47.8	68	64.4	99.2	13.5	4.8	0	355.1
2015	4.2	1.3	4.4	27.9	24.4	11.1	27.2	56.5	49	7.5	14.1	10.7	238.3
多年平均	2.2	3.2	5.9	13.7	23.6	33.3	39.4	50.6	48.1	21.5	5.9	1.5	247.1

二、试验设计

(一)试验材料

马铃薯:陇薯3号一级种(中晚熟),由宁夏农垦局良种繁育经销中心提供。

保水剂:2014年,两种供试保水剂分别为:(1)沃特保水剂,产自胜利油田东营华业新材料有限公司,为有机-无机杂化保水剂,吸水倍率500~1 000,pH 6.0~8.0;(2)安信保水剂,产自东莞市安信保水有限公司,为高吸水性树脂,吸水倍率450~680,pH 6.7。2015年,供试保水剂为沃特保水剂。

(二)试验设计

试验1:于2014年5月—2014年10月在宁夏同心县王团镇高效节水农业科技园区进行。试验采样双因素随机区组设计。因素A:两种保水剂种类分别为沃特保水剂和安信保水剂;因素 B:设 45 kg/hm²、75 kg/hm²、105 kg/hm² 三个施用水平。以不施保水剂为对照,共 7 个处理,3 次重复,小区面积为 9 m×5 m=45 m²(如表 5-2)。

播种前在配施黄腐酸钾 300 kg/hm² 的基础上,按照试验设计保水剂用量计算出试验小区的用量,与黄腐酸钾混合均匀后穴施。穴播的播种穴长、宽均为 15 cm,深 10 cm,不同处理的播种深度均为 5~6 cm。

表 5-2　抗旱保水剂不同施用量(与有机肥混合穴施)试验设计

区组设计	保水剂施用量/(kg·hm⁻²)		
	45	75	105
沃特保水剂(W)	W3	W5	W7
安信保水剂(A)	A3	A5	A7
不施用保水剂	CK		

试验 2:于 2015 年 5 月—2015 年 10 月在宁夏同心县王团镇高效节水农业科技园区进行。保水剂种类为沃特保水剂,试验设 3 个处理,处理 1:黄腐酸钾+氮磷钾肥+保水剂(具体见下一段施用方法)。处理 2:黄腐酸钾+氮磷钾肥,在施用黄腐酸钾 300 kg/hm² 基础上施用氮磷钾肥,氮磷钾肥(N:P:K=18:6:7),即尿素 411 kg/hm²,重钙 195 kg/hm²,硫酸钾 210 kg/hm²。处理 3:传统施肥(对照),即基施尿素 456 kg/hm²、重钙 300 kg/hm²、硫酸钾 150 kg/hm²。小区面积 28 m × 15 m=420 m²。

在施用黄腐酸钾 300 kg/hm²+氮磷钾肥(N:P:K=18:6:7 即尿素 411 kg/hm²,重钙 195 kg/hm²,硫酸钾 210 kg/hm²)基础上配施保水剂 90 kg/hm²。在马铃薯种植前将保水剂 90 kg/hm² 的施用量与化肥按 1:10 比例混合后在垄上进行穴施,施入深度 15 cm。

(三)田间管理

试验 1:田间管理同第二章内容。马铃薯于 2014 年 5 月 3 日播种,10 月 6 日收获。

试验 2:各处理将不同肥料在马铃薯播种前结合整地撒施后旋耕入土(旋深 10~15 cm),现蕾期追施尿素 176 kg/hm²,现蕾期和花期各喷洒尿素和磷酸二氢钾溶液(0.2%)各1次。保水剂处理采用宽窄行种植不覆膜(宽行60 cm，窄行40 cm)；肥效处理采用宽窄行种植全覆膜；CK处理采用平作不覆膜(等行距50 cm)；株距40 cm。马铃薯于2015年5月4日播种，10月14日收获。

三、测定指标与方法

（一）土壤容重

土壤容重、孔隙度：测定方法同第二章(略)。

（二）土壤水分

在马铃薯苗期、现蕾期、初花期、盛花期、块茎形成期、块茎膨大期、收获期，测定0~100 cm层土壤质量含水量。土壤贮水量的计算方法同第二章(略)。

（三）马铃薯生长指标

马铃薯生育期(苗期、现蕾期、初花期、盛花期、块茎形成期、块茎膨大期、收获期)株高、茎粗和地上部生物量：测定方法同第二章(略)。

（四）马铃薯产量性状

作物产量和商品薯率：测定方法同第二章(略)。

（五）统计分析

EXCEL 2003作图，采用SAS 8.0分析软件对数据进行统计分析。

第二节　保水剂与肥料配施对土壤物理性质的影响

一、耕层土壤容重和孔隙度

如图5-1，0~20 cm土层，两种保水剂结合有机肥处理耕层(0~40 cm)土壤容重均比CK处理降低2.3%~15.4%，其中以W7和A3处理最为显著；20~40 cm土层，W3、W5、W7和A3、A5处理分别比CK处理显著降低11.7%、6.0%、7.9%和7.9%、5.9%。可见，两种保水剂不同施用量结合有机肥，相对于CK处理，均可有效降低土壤容重，改善土壤结构。图5-1，0~20 cm土层，W7、A3和A5处理土壤孔隙度分别显著高于CK处理18.6%、22.1%和16.82%；在20~40 cm土层，W3、W5、W7和A5处理分别比CK处理显著增加17.2%、

10.9%、21.2%和10.6%。可见,与CK处理相比,保水剂不同施用量结合有机肥处理的土壤通气能力明显加强,使耕层土壤孔隙度值较高,能有效改善耕层土壤孔隙状况。

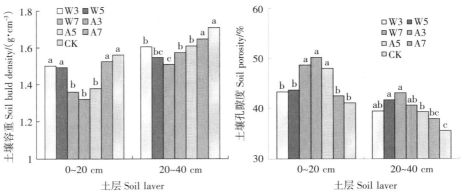

图5-1 不同保水剂用量结合有机肥处理对0~40 cm层土壤容重及孔隙度的影响

注:1. W3为沃特保水剂45 kg/hm²,W5为沃特保水剂75 kg/hm²,W7为沃特保水剂105 kg/hm²,A3为安信保水剂45 kg/hm²,A5为安信保水剂75 kg/hm²,A7为安信保水剂105 kg/hm²,CK为不施用保水剂。2.同一生育时期不同小写字母表示处理间差异显著($P<0.05$)。

二、马铃薯关键时期土壤贮水量

(一)有机肥与保水剂配施

在马铃薯生育前期(图5-2),施用黄腐酸钾有机肥+安信保水剂处理与不施保水剂处理(对照)无显著差异外,施用黄腐酸钾有机肥+沃特保水剂各处理0~100 cm土层土壤贮水量均较对照显著增加,W3、W5和W7处理土壤贮水量较对照分别提高7.7%、14.5%和16.6%。

马铃薯进入生育中期, 黄腐酸钾有机肥+沃特保水剂W5、W7处理和黄腐酸钾有机肥+安信保水剂A7处理对提高0~100 cm土层土壤贮水量效果最为显著。黄腐酸钾有机肥+沃特保水剂W3、W5和W7处理土壤贮水量分别较CK处理显著提高14.4%、24.8%和32.2%。黄腐酸钾有机肥+安信保水剂A3、A5和A7处理土壤贮水量较CK处理分别显著提高12.4%、16.0%和20.0%。

马铃薯生育后期(成熟期),除A3处理外,黄腐酸钾有机肥结合保水剂施用量各处理,相对于CK处理,明显提高0~100 cm土层土壤贮水量。W3、W5、W7、A5和A7处理分别较CK处理显著提高26.0%、29.1%、29.4%、18.4%和

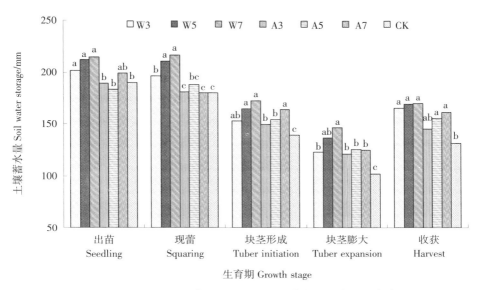

图 5-2　不同保水剂施用量结合有机肥处理对马铃薯关键生育期土壤蓄水量的影响

22.9%，W5、W7 处理提高幅度最大。可见，施用黄腐酸钾有机肥结合保水剂在一定程度上能改善 0~100 cm 层土壤水分状况。

（二）有机无机肥与保水剂配施

马铃薯生育前期，有机无机肥配施保水剂处理与其他各处理 0~100 cm 层土壤含水量差异较大，且随土层的加深而增加（图 5-3a,b）。施用黄腐酸钾+氮磷钾肥+保水剂处理 0~60 cm 层土壤含水量均较未施保水剂处理（黄腐酸钾+氮磷钾肥、传统施肥）有明显增加。表明有机肥+化肥+保水剂配施可提高 0~60 cm 层土壤含水量。

9 月中旬马铃薯进入生育中期，作物耗水增加，土壤蒸发日益增强，0~100 cm 层土壤贮水量略有下降（图 5-3c,d）。未施用保水剂处理 0~100 cm 层土壤含水量随土层的加深而降低，而施黄腐酸钾+氮磷钾肥+保水剂处理土壤含水量有所回升。0~40 cm 层土壤含水量施用黄腐酸钾+氮磷钾肥+保水剂处理与对照（传统施肥）无差异，而 40~100 cm 层，施用黄腐酸钾+氮磷钾肥+保水剂处理与对照差异逐渐增加。说明有机无机肥与保水剂配施能增加深层土壤水分，从而改善土壤的水分状况。

9 月底马铃薯进入生育后期，作物耗水继续增加，加上降水稀少，0~100 cm

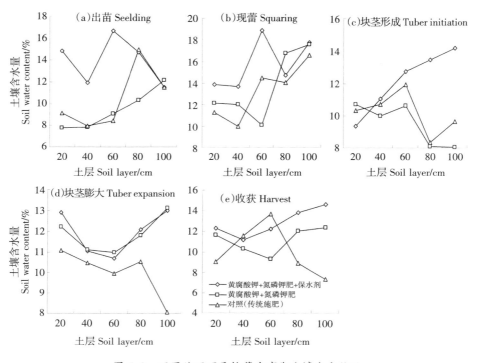

图 5-3　不同处理下马铃薯生育期土壤水分状况

土层土壤水分降至最低(图 5-3e)。0~100 cm 层土壤贮水量黄腐酸钾+氮磷钾肥+保水剂、黄腐酸钾+氮磷钾肥处理均高出对照;0~60 cm 土层土壤含水量黄腐酸钾+氮磷钾肥+保水剂处理较对照显著增加。在 60~100 cm 土层,各处理间差异不大。说明施用黄腐酸钾+氮磷钾肥+保水剂处理与 CK 处理相比,能蓄积较多的土壤水分。

第三节　保水剂与肥料配施对马铃薯生长及产量的影响

一、马铃薯生物学性状

(一)有机肥与保水剂配施

图 5-4 为不同保水剂施用量结合有机肥对马铃薯生物学性状的影响。不

同处理下马铃薯关键生育期株高的变化呈先升高后降低的趋势。在马铃薯生育前期，保水剂各处理植株株高分别较对照提高 1.60%~11.82%，差异不显著。而在马铃薯生育中期不同保水剂施用量结合有机肥各处理与对照差异显著。W5、W7、A5 处理植株平均株高分别较 CK 处理显著提高 14.79%、15.42% 和 15.69%。

在马铃薯关键生育期测定其主茎粗(图 5-4)，不同生长阶段其茎粗表现为升高的趋势。在生育前期，施用保水剂结合有机肥各处理均明显高于 CK 处理 9.6%~21.6%，在马铃薯块茎形成期和膨大期，施用沃特保水剂结合有机肥 W5、W7 处理分别较 CK 处理显著增加 14.6% 和 17.8%。可见，施用沃特保水剂结合有机肥处理能明显促进马铃薯后期植株的生长。

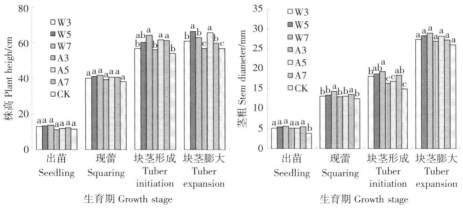

图 5-4　不同保水剂施用量结合有机肥处理对马铃薯株高和茎粗的影响

在马铃薯苗期至成熟期，不同处理下马铃薯地上部生物量(干物质积累量)的变化均呈逐渐上升的趋势，在马铃薯成熟期达到最大(图 5-5)。马铃薯生育前期，施用保水剂结合有机肥各处理均显著高于 CK 处理，而在马铃薯生育中期，除 W7 和 A7 处理对提高马铃薯干物质积累量效果显著外，其他各处理间差异不显著。在马铃薯生育后期(块茎膨大期和成熟期)，除 W3 处理与 CK 处理无显著差异，W5、W7、A3、A5、A7 处理干物质积累量分别较 CK 处理显著提高 32.37%、43.89%、29.22%、34.70% 和 36.21%。这表明，施用保水剂结合有机肥处理能显著提高马铃薯前期干物质积累量，为作物后期生长，保存大量的养分，有利于马铃薯薯块产量的提高。

(二)有机无机肥与保水剂配施

如表 5-3 可知,不同处理下马铃薯关键生育期株高的变化均呈先升后降的趋势。初花期至块茎膨大期株高表现出增长趋势,到成熟期植株株高有所降低。在马铃薯生育前期(初花期),施用黄腐酸钾+氮磷钾肥+保水剂处理显著高于对照(传统施肥)处理,而施用黄腐酸钾+氮磷钾肥处理与对照无明显差异。8 月中旬马铃薯块茎膨大期和 9 月中旬马铃薯成熟期,施用保水剂处理植株株高均较对照显著提高, 而施用黄腐酸钾+氮磷钾肥处理与对照无明显差异。可见,有机无机肥与保水剂配施处理,由于改善土壤的水分状况,植株株高显著高于对照。

在马铃薯关键生育期测定其主茎粗,马铃薯三个不同生长阶段其茎粗处理间表现出一定的差异,马铃薯块茎膨大期主茎粗达到最大值。在马铃薯主要生育期,施用黄腐酸钾+氮磷钾肥+保水剂处理对马铃薯生长的促进作用显著,而其他各处理促进作用不明显。试验期间,不同处理下马铃薯地上部干物质量呈现逐渐上升的趋势,在马铃薯成熟期达到最大(见表 5-3)。马铃薯初花期和块茎膨大期, 施用黄腐酸钾+氮磷钾肥+保水剂处理均显著高于对照。这表明,黄腐酸钾+氮磷钾肥+保水剂处理能显著提高作物干物质积累,有利于马铃薯产量的提高。

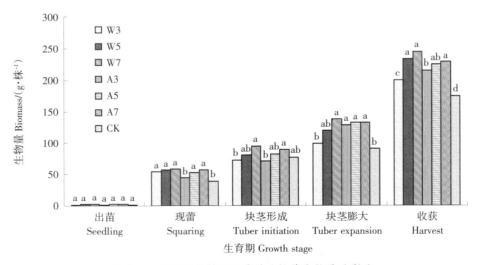

图 5-5　不同保水剂施用量对马铃薯生物量的影响

表 5-3　不同处理下马铃薯生长状况

处理	初花期			盛花期			块茎形成期		
	株高/cm	茎粗/mm	生物量/(g·株⁻¹)	株高/cm	茎粗/mm	生物量/(g·株⁻¹)	株高/cm	茎粗/mm	生物量/(g·株⁻¹)
黄腐酸钾+氮磷钾肥+保水剂	21.2a	11.66a	6.26a	34.0a	11.43a	13.12a	55.5a	12.46a	31.19a
黄腐酸钾+氮磷钾肥	16.8b	10.63a	4.99b	29.0b	9.02b	9.57b	48b	12.23a	28.63b
对照（传统施肥）	13.0c	8.18b	4.4b	24.5c	7.46c	7.66b	46b	11.74a	26.83c

处理	块茎膨大期			成熟期		
	株高/cm	茎粗/mm	生物量/(g·株⁻¹)	株高/cm	茎粗/mm	生物量/(g·株⁻¹)
黄腐酸钾+氮磷钾肥+保水剂	91.0a	19.22a	53.45a	70.5a	11.28a	136.29a
黄腐酸钾+氮磷钾肥	89.0a	18.93a	48.96b	65b	10.65a	128.77b
对照（传统施肥）	86.5a	15.18b	42.5c	52.5c	8.77b	102.56c

注：不同小写字母表示处理间差异显著（$P<0.05$）。

二、马铃薯产量及商品薯率

（一）有机肥与保水剂配施

表 5-4 表明，有机肥与不同保水剂配施各处理均能不同程度地提高马铃薯的产量和商品薯率。施用有机肥结合保水剂各处理中薯数和大薯数均明显高于对照处理，小薯数不施保水剂处理显著高于有机肥结合保水剂配施各处理。总薯数有机肥结合不同保水剂施用处理均显著高于对照处理。主要原因是增施有机肥结合保水剂有利于增加马铃薯的生物量，而生物量的积累在生长后期有利于同化产物向块茎的转移运输，促进块茎的生长发育。施用有机肥结合保水剂各处理的马铃薯总产量和商品薯率均明显高于不施保水剂处理，以 W7 处理马铃薯产量和商品薯率最高（37 164.0 kg/hm² 和 87.5%）。W5、W7、A7 处理马铃薯产量分别较 CK 处理提高 37.69%、56.94% 和 38.96%，商品薯率分别提高 13.32%、16.21% 和 13.84%。可见，施用有机肥结合沃特保水

表 5-4　不同保水剂施用量对马铃薯产量性状的影响

| 处理 | 总产量 /(kg·hm⁻²) | 总薯数 /(个·hm⁻²) | 大薯 | | 中薯 | | 小薯 | | 商品薯率 /% |
			薯数 /(个·hm⁻²)	产量 /(kg·hm⁻²)	薯数 /(个·hm⁻²)	产量 /(kg·hm⁻²)	薯数 /(个·hm⁻²)	产量 /(kg·hm⁻²)	
W3	27 298.7c	188 267b	101 978b	19 218.9e	47 067c	3 608.4d	39 222d	4 471.3a	83.62b
W5	32 606.0b	222 133a	95 200b	27 052.7b	47 600c	3 570.0d	79 333b	1 983.3b	93.92a
W7	37 164.0a	174 800b	114 000a	29 868.0a	38 000e	5 928.0a	22 800d	1 368.0b	96.32a
A3	25 608.9c	186 111b	96 778b	19 653.3e	59 556a	4 317.8c	29 778d	1 637.8b	93.60a
A5	26 866.7c	187 778b	79 444c	21 161.1d	50 556b	4 188.9c	57 778c	1 516.7b	94.35a
A7	32 904.9b	154 933c	95 911b	23 904.0c	44 267d	4 869.3b	14 756e	4 131.6a	87.44ab
CK	23 680.0d	227 556a	42 667d	17 208.9f	35 556e	2 417.8e	149 333a	4 053.3a	82.88b

注：1. W3 为沃特保水剂 45 kg/hm²，W5 为沃特保水剂 75 kg/hm²，W7 为沃特保水剂 105 kg/hm²，A3 为安信保水剂 45 kg/hm²，A5 为安信保水剂 75 kg/hm²，A7 为安信保水剂 105 kg/hm²，CK 为不施用保水剂。2. 同一列不同小写字母表示处理间差异显著（P<0.05）。

剂 45~105 kg/hm² 或施用安信保水剂 105 kg/hm² 马铃薯的商品薯率最高，增产效果最好。

（二）有机无机肥与保水剂配施

图 5-6 是不同处理对马铃薯产量及商品薯率的影响。施用黄腐酸钾+氮磷钾肥+保水剂处理能不同程度提高马铃薯的产量和商品薯率。施用黄腐酸钾+氮磷钾肥+保水剂处理的马铃薯产量显著高于对照处理，增产幅度达31.3%，马铃薯商品薯率施用黄腐酸钾+氮磷钾肥+保水剂处理和黄腐酸钾+氮磷钾肥处理分别较对照处理显著提高 15.3% 和 3.2%。可见，施用黄腐酸钾+氮磷钾肥+保水剂处理的马铃薯产量和商品薯率均最高，增产效果最好。

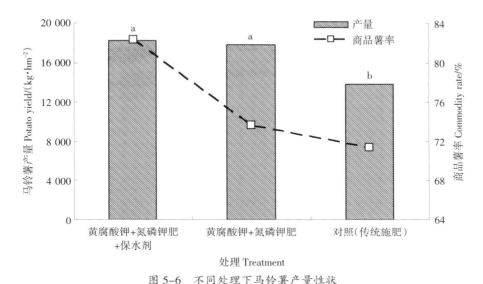

图 5-6　不同处理下马铃薯产量性状

第四节　讨论与结论

一、讨论

(一)土壤容重及孔隙度

适当的保水剂施用量可达到最佳的改善土壤的物理性质效果（韩玉国等，2010；王琰等，2017）。有研究表明（杨永辉，2011），保水剂与氮肥配施后，土壤大孔隙数及孔隙度均显著提高，显著提高土壤的结构稳定性，降低了土壤容重。保水剂吸水膨胀后粒径可达 30~40 mm，在吸水过程中可形成大量孔隙，改善土壤结构，提高土壤通气性（陈学文，2011；李永胜等，2006）。王荣等（2018）和何艳（2016）研究结果表明，生物有机肥与保水剂结合施用改善土壤结构效果更好。本研究结果表明，有机肥结合施用保水剂处理均能使耕层土壤孔隙度升高，有效改善耕层土壤孔隙状况，可有效降低土壤容重，改善土壤结构。

(二)土壤水分

有机肥配施保水剂可有效增加土壤的保水保肥能力，是控制土壤水分和养分淋失的有效措施（蒋美佳等，2019）。俞满源（2003）研究发现，保水剂与氮肥结合在有效降水后,能在一定程度上改善、维持土壤耕层的水分状况。沃特、PAM 均可接收降水,提高土壤含水量,且土壤水分随降水量、施用量的增大而提高;当土壤干旱时,沃特保水剂、聚丙烯酰胺可释放其吸收的水分,改善土壤的水分状况(杜社妮等,2007a)。施用保水剂显著提高土壤水分、番茄产量及水分利用效率(张蕊等,2013a)。本研究结果表明,有机肥结合保水剂、有机无机肥结合保水剂不同用量各处理,相对于不施保水剂处理,明显提高了 0~100 cm 层土壤贮水量。

(三)马铃薯生长

保水剂的施入可使作物生育期内土壤蓄存更多的水分(Yang,et al.,2014),提高养分的利用(提文祥,2011),进而增加作物生长和生物量积累(Fan,et al.,2015;Salavati,et al.,2018)。俞满源等(2003)研究表明,保水剂与氮肥结合有利于增加马铃薯盛花期的生物量,有利于光合同化物向块茎的转移运输,确保了块茎的生长发育。沟施保水剂能够调节旱地马铃薯的土壤水分状况,间接影响植株的光合作用,使马铃薯生育期明显延长,增加生物量(高天鹏等,2009;廖佳丽等,2009)。本研究结果表明,有机肥与保水剂配施、有机无机肥与保水剂配施均能促进马铃薯生长和块茎产量的形成。

(四)马铃薯产量

刘迎春等(2016)研究认为,保水剂配施常规肥料对荞麦产量构成的影响主要表现为增加单株粒数。马力等(2014)研究认为,当使用抗旱保水剂,保水剂量 60 kg/hm²,氮肥量 60 kg/hm² 时,燕麦的种子产量、穗长、穗粒数、小穗数和穗质量均表现最好,对种子田的经济效益达到最大。Islam,et al.,(2011)研究表明,在保水剂 30 kg/hm²+75 kg/hm² 尿素+25 kg/hm² 过磷酸钙和硫酸钾是提高玉米产量的最佳配施组合。本研究结果表明,施用有机肥(黄腐酸钾)结合沃特保水剂 105 kg/hm²、有机无机肥(黄腐酸钾+氮磷钾肥)结合沃特保水剂 90 kg/hm² 时,马铃薯的商品薯率均最高,增产效果最好。

二、结论

1. 两种保水剂不同用量与有机肥配施,相对于不施保水剂处理,均可有效降低耕层土壤容重,有效改善耕层土壤孔隙状况。

2. 施用有机肥结合沃特和安信保水剂在一定程度上能明显改善 0~100 cm

土层土壤水分状况;在马铃薯生长前期,黄腐酸钾+氮磷钾肥+保水剂处理,相对于对照处理,能显著提高 0~60 cm 层土壤含水量。马铃薯生育中期,施用黄腐酸钾+氮磷钾肥+保水剂处理能显著提高 40~100 cm 土层土壤含水量。马铃薯生育后期,施用黄腐酸钾+氮磷钾肥+保水剂处理能显著提高 0~60 cm 土层土壤贮水量。

3. 施用有机肥结合沃特保水剂能明显促进马铃薯后期植株的生长;马铃薯主要生育期,施用黄腐酸钾+氮磷钾肥+保水剂处理对马铃薯生长的促进作用显著。在马铃薯成熟期,黄腐酸钾+氮磷钾肥+保水剂处理显著提高作物干物质积累。

4. 有机肥结合不同保水剂施用量各处理均能提高马铃薯的产量和商品薯率,施用黄腐酸钾结合沃特保水剂 105 kg/hm² 时,马铃薯增产和商品薯率均最高。施用黄腐酸钾+氮磷钾肥+保水剂处理马铃薯产量和商品薯率均最高,增产幅度达 31.3%,商品薯率提高 15.3%。

三、建议

宁夏同心扬黄灌区马铃薯田施用保水剂可起到抗旱保水效果,施足底肥才是马铃薯获得高产的关键,而保水剂的增产效果必须在灌水量较大的前提下才能表现出来,而且保水剂在马铃薯田的应用效果受多种因素限制,需进一步深入研究,才能使保水剂的保水保肥性能和作物增产效果得到更好发挥。

第六章　滴灌下施用保水剂对土壤水肥及玉米收益的影响

宁夏扬黄灌区土壤沙化严重、保水保肥性能差,同时农业生产中仍存在用水效率不高、土壤肥力难以维持等突出问题(李小炜等,2016)。因此,抗旱保水和提高土壤肥力已成为该区农业可持续发展的重要选择。

近年来,利用高分子聚合物作为保水材料可达到抗旱节水增产的效果,已迅速发展成为一项农业新技术(侯冠男等,2012)。保水剂又称超强吸水树脂,是利用强吸水性树脂或淀粉等材料,制成一种超高吸水、保水能力的高分子聚合物(Omidian,et al.,2005)。它能迅速吸收比自身重数百倍甚至上千倍的纯水,所吸收水分85%以上可被作物利用;同时,保水剂又能增强土壤保水性、改良土壤结构,同时还能起到保持土壤养分的作用,减少土壤水分养分流失,提高水肥利用率(Musil,et al.,2005;崔娜等,2011;杨红善等,2005),在干旱半干旱地区,被称作农作物干旱时的"微型水库"(黄占斌等,2004)。因其具有用途广、投资少、见效快且无环境污染、适用性高等特点,在农业生产等诸多方面具有较广泛的应用发展前景。农用保水剂一般施用于作物根系层。保水剂的三维交联网络结构很好地限制了水分子的运动,吸收的水在加压的条件下不会被挤出来,因此保水剂又使得释水过程长期有效(尤晶等,2012),能起到较好的水肥保蓄效果。

马焕成等(2004)研究表明,随保水剂用量增加,保水剂对森林土壤水肥的保蓄作用显著,以施用 80 g/穴的效果最佳。张丽华等(2017)研究报道,施用保水剂可极显著提高玉米产量、土壤水分及水分利用效率,细粒型优于颗粒型,细粒型最佳施用量为 45 kg/hm²,颗粒型最佳施用量为 60 kg/hm²。吕美琴(2015)研究了沟施不同施用量的保水剂对大豆发育及产量影响后发现,随着施用量增加,大豆的增产增收效果更为明显,以沟施保水剂 60 kg/hm² 用量最佳。李中阳等(2015)研究了不同类型保水剂及施用水平对冬小麦产量、水分利用效率的影响,结果表明,丙烯酰胺/无机矿物复合型保水剂对提高冬小麦产量和水分利用效率的效果最为明显。可见,不同种类、粒径的保水剂及保水剂的不同使用方式、施用量对土壤水肥、植物生长的影响效果不一。

目前,大多数研究主要关注在大田或盆栽条件保水剂的抗旱节水效应方面,但关于滴灌条件下施用保水剂对土壤保水保肥效果及对作物生长影响的研究较少。因此,针对宁夏扬黄灌区土壤沙化严重、保水保肥性能差等特点,于 2016 年 4—10 月在宁夏盐环定扬黄灌区,采用沃特保水剂与细土按质量比 1∶10 混合进行穴施,研究保水剂不同施用量对土壤水分、养分及滴灌玉米生长的影响,以期为滴灌玉米合理施用保水剂提供理论参考。

第一节 试验设计与测定方法

一、试验区概况

试验于 2016 年 4—10 月在宁夏盐池县冯记沟乡三墩子村天朗现代农业公司玉米试验田进行。试验区位于宁夏回族自治区中东部(106°51′E,37°40′N),东与青山接壤,西与灵武市马家滩镇毗邻,北与王乐井乡搭界,南与惠安堡、大水坑乡相连;地处黄河上游,海拔 1 300 m 左右。该区属中温带干旱半干旱气候区,平均气温为 22.4 ℃,多年平均降水量为 280 mm,年内降水分布极不平衡,降水主要集中在 6—9 月,而同期蒸发量高达 2 000~3 000 mm,无霜期为 151 d;≥10 ℃积温为 2 949.9 ℃,日照时数为 2 800 h 左右。2016 年全年降水量为 365.6 mm,玉米生育期降水量为 224.2 mm。

该区属盐环定扬黄灌溉区,开垦多年,因周边过度放牧,原灰钙土表层被深厚风积沙土层覆盖,土壤砂性。试验地供试土壤上层为砂壤土,下层为淡灰钙土, 偏碱性, 耕层土壤颗粒组成中, <0.002 mm 黏粒含量为 3%~8%,(0.020,0.002) mm 粉砂含量为24%~38%,(2.000,0.020) mm 砂粒含量为46%~71%。试验地 0~40 cm 土壤容重为 1.52 g/cm³,田间持水量为 16.2%,有机质含

量为 4.7 g/kg,碱解氮、速效磷、速效钾含量分别为 35.2 mg/kg、4.6 mg/kg、67.5 mg/kg,按照国家第二次农田土壤普查养分分级标准属低等肥力,土壤保肥和供肥能力差。

二、试验设计

试验采用单因素 5 水平随机区组设计,共设 5 个处理。前人研究(张丽华等,2017;吕美琴,2015;武继承等,2007)表明,不同作物保水剂施用量不同,特别是对小麦和玉米等旱地作物土壤保水剂施用量为 30~90 kg/hm² 最为合适,并已取得明显效益。因此,设保水剂施用水平分别为 0 kg/hm²(CK)、30 kg/hm²(B2)、60 kg/hm²(B4)、90 kg/hm²(B6)、120 kg/hm²(B8);3 次重复,共 15 个小区,小区面积为 12 m×10 m=120 m²。在玉米苗期(三叶期),将保水剂按 1:10 比例与细土混合穴施。

保水剂施用具体方法: 根据试验设计保水剂用量计算出试验小区的用量,将保水剂与小区内的细土按质量比 1:10 充分混合均匀后,根据小区植株密度计算出保水剂不同穴施量,在离玉米植株 5~15 cm 范围内用手铲(长 15 cm、宽 5 cm)挖穴(穴长 10 cm、宽 5 cm、深 10 cm),按不同处理施用量施入穴底。保水剂为沃特多功能保水剂 (有机无机杂化保水剂,吸水倍率为 500~1 000,粒度为 0.18~2.00 mm 的≥95%,pH 为 6.0~8.0),由胜利油田长安集团生产。

供试玉米品种为陇单 9 号,于 2016 年 4 月 20 日采用气吸式播种机精量播种,播种、铺滴灌带、覆土一体完成。采用宽窄行种植,宽行为 70 cm,窄行为 30 cm,株距为 22 cm。滴灌带铺设于窄行之间,干土播种,播种后滴水。于 2016 年 9 月 28 日收获。播种时基施有机肥 2 250 kg/hm²、磷酸二铵(N≥18,P₂O₅≥46)300 kg/hm²,玉米生育期灌水及施肥方式采用滴灌施肥,具体灌水和施肥情况见表 6-1。玉米生育期总灌水量为 2 400 m³/hm²,生育期追施尿素和硫酸钾分别为 780 kg/hm² 和 165 kg/hm²。

表 6-1　玉米不同生育期降水、灌水和施肥情况

生育时期	灌水日期	灌水量 /(m⁻³·hm⁻²)	降水量 /mm	追肥/(kg·hm⁻²)	
				尿素	硫酸钾
播种	4/27	120	1.6	—	—
苗期	5/18	150	57.1	—	—
拔节	6/7	225	12.6	75	—
	6/22	405		150	75
抽雄	7/3	375	59.5	75	—
	7/14	225		60	45
吐丝	7/26	150	23.6	75	—
灌浆	8/5	300	35.0	300	45
	8/22	225		45	—
收获	9/3	225	34.8	—	—

三、测定指标与方法

（一）土壤水分

在玉米各生育期（播种期、出苗期、拔节期、抽雄期、吐丝期、灌浆期、收获期）土钻（直径为 0.08 m）烘干法测定 0~100 cm 土壤的质量含水量（每 20 cm 取 1 个土样），并结合降水量和灌水量，计算玉米的阶段耗水量。

土壤贮水量 W 计算式为

$$W = h\gamma\theta\times10$$

式中，W 为土壤贮水量，mm；h 为土层深度，cm；γ 为土壤容重（播种测定 0~100 cm 土壤容重，平均容重为 1.65 g/cm³），g/cm³；θ 为土壤质量含水量，%。

试验区因地下水位较深，多在 50 m 以下，故地下水上移补给量、深层渗漏、地面径流均忽略不计。

作物耗水量 ET 可计算为

$$ET = P + I + \triangle W$$

式中，P 为作物生育期降水量，mm；I 为生育期灌水量，m³/hm² 换算为 mm；

$\triangle W$ 为玉米播种期和收获期土壤贮水量之差,mm。

作物水分利用效率以单位耗水量下作物经济产量的比值表示:

$$WUE=Y/ET$$

式中,WUE 为水分利用效率;Y 为经济产量;ET 为玉米生育期的耗水量。

(二)土壤养分

参照鲍士旦编写的《土壤农化分析》(鲍士旦,2003),测定玉米收获后 0~40 cm 土层土壤有机质、氮磷钾等化学指标,分析其对土壤养分的影响。

(三)玉米生长指标

在玉米生育期测定玉米出苗率、株高、茎粗及地上部生物量等生物学性状,分析其对玉米生长的影响。

(四)玉米产量

玉米收获时,分小区进行测产,选取 10 株玉米进行考种,并计算其经济效益。产量总收入=籽粒产量×市场价格,纯收益=产量总收入–总投入,其中总投入包括保水剂、滴灌材料、肥料投入、种子、农药及人工费等。

(五)数据统计分析

试验数据采用 Excel 2003 制图,并应用 SAS 8.0 软件进行数据处理分析。

第二节 保水剂不同施用量对土壤水分和养分的影响

一、玉米生育期土壤水分

图 6-1 为玉米生育期不同处理 0~100 cm 层土壤贮水量 W 的变化。随着玉米生育期推进,降水量和灌水量增加,玉米不同生育期耗水强度不同,各处理下的土壤贮水量呈升高–降低–升高的变化趋势。在玉米苗期,植株较小,地面裸露面积大,各处理间无差异。在玉米拔节期,施用保水剂不同量时,土壤贮水量均显著高于对照, 其中 B6、B8 处理分别较 CK 处理显著提高 18.4%、21.5%。

在生育中期(抽雄—吐丝期),随保水剂施用量增大,土壤水分含量升高,其保墒效果逐渐增强,其中在抽雄期,B6、B8 处理分别较 CK 处理显著提高

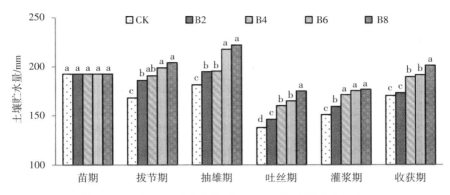

图 6-1 保水剂不同施用量下玉米生育期土壤水分的变化

注：1. CK 为不施保水剂，B2 为施用保水剂 30 kg/hm²，B4 为施用保水剂 60 kg/hm²，B6 为施用保水剂 90 kg/hm²，B8 为施用保水剂 120 kg/hm²。2. 同一生育时期不同小写字母处理间差异显著（$P<0.05$）。

20.1%、22.4%；在玉米吐丝期，气温较高，土壤水分蒸发强烈，耗水增加，各处理土壤水分含量降至最低，而保水剂不同施用量下土壤贮水量相对于 CK 处理，均有不同程度增加，B2、B4、B6、B8 处理分别较 CK 处理显著提高 6.1%、16.2%、19.9%、27.3%。

玉米生育后期（灌浆—收获期），不同处理 0~100 cm 土层土壤水分有所恢复。施用保水剂各处理与对照相比，土壤保水效果明显提高，其中 B8 处理最佳，较 CK 处理显著提高 17.7%。可见，施用保水剂 120 kg/hm² 处理在玉米整个生长期土壤贮水量较高，保水效果最佳，其次为施用保水剂 90 kg/hm² 处理，可有利于促进玉米的生长发育和籽粒产量的形成。

二、玉米收获期土壤养分

表 6-2 为玉米收获期各处理土壤有机质和速效氮磷钾含量变化。施用保水剂能有效增加土壤有机质和速效氮磷钾含量，提高土壤的保肥供肥效果。保水剂不同用量在 0~40 cm 层土壤中有机质含量均较 CK 处理增加 12.1%~42.2%，其中 B4 和 B6 处理增幅最高，均较 CK 处理显著提高 42.2%。0~40 cm 层土壤碱解氮含量以 B4 和 B6 处理最高，分别较 CK 处理显著增加 26.0% 和 18.6%。不同处理下土壤速效磷含量高低次序表现为 B4、B6、B8、B2、CK，而各处理下土壤速效钾含量高低次序表现为 B4、B6、B2、CK、B8，以 B4 和 B6 处

最为显著。可见,施用保水剂 60~90 kg/hm² 能明显改善土壤中的养分状况,对土壤和作物可起到保肥和供肥作用。

表 6-2　保水剂施用量对耕层(0~40 cm)土壤养分状况的影响

处理	有机质 /(g·kg⁻¹)	碱解氮 /(mg·kg⁻¹)	速效磷 /(mg·kg⁻¹)	速效钾 /(mg·kg⁻¹)
CK	3.46b	23.61ab	2.38c	30.48b
B2	3.88ab	21.88b	3.57b	30.9b
B4	4.92a	29.75a	5.98a	50.2a
B6	4.92a	28.00a	5.62a	40.4ab
B8	4.63a	24.50ab	4.36ab	30.0b

注:1. CK 为不施保水剂,B2 为施用保水剂 30 kg/hm²,B4 为施用保水剂 60 kg/hm²,B6 为施用保水剂 90 kg/hm²,B8 为施用保水剂 120 kg/hm²。2. 同一列不同小写字母处理间差异显著($P<0.05$)。

第三节　保水剂不同施用量对玉米生长和水分利用效率的影响

一、玉米生长

施用保水剂能改善玉米不同生育期的土壤水肥状况,从而促进玉米的生长发育。图 6-2 为保水剂施用量对玉米生育期植株株高和茎粗的影响。由图 6-2 可知,在玉米关键生育期各处理植株株高变化呈逐渐升高趋势,而其茎粗表现为先升高后下降的变化趋势。在玉米整个生育期,株高以灌浆期和收获期最高,B4 和 B6 处理表现最佳,分别较 CK 处理显著增高 16.0%、16.2%和11.9%、9.3%;而玉米茎粗于抽雄期 B4 和 B6 处理分别较 CK 处理显著提高21.2%和 17.5%,吐丝期分别显著提高 9.5%和 9.0%。

图 6-3 为保水剂不同施用量对玉米地上部生物量的影响。由图 6-3 可知,在玉米主要生育期,不同处理下玉米地上部生物量呈逐渐上升的变化趋势,收获期达到最大。在整个生育期,B4 处理的玉米地上部生物量均显著高于 CK 处理。拔节期,B4、B6 和 B8 处理的玉米地上部生物量分别较 CK 处理显著提高 70.8%、54.2%、43.8%;抽雄期,B4 处理的玉米地上部生物量显著高

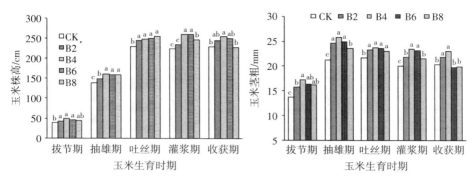

注:1. CK 为不施保水剂,B2 为施用保水剂 30 kg/hm²,B4 为施用保水剂 60 kg/hm²,B6 为施用保水剂 90 kg/hm²,B8 为施用保水剂 120 kg/hm²。2. 同一生育时期不同小写字母处理间差异显著(P<0.05)。

图 6-2　保水剂施用量对玉米生育期植株株高和茎粗的影响

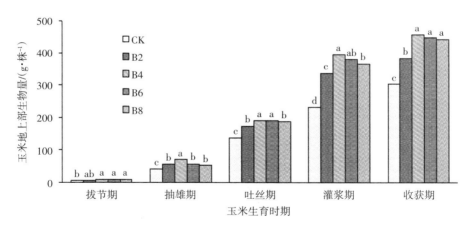

注:1. CK 为不施保水剂,B2 为施用保水剂 30 kg/hm²,B4 为施用保水剂 60 kg/hm²,B6 为施用保水剂 90 kg/hm²,B8 为施用保水剂 120 kg/hm²。2. 同一生育时期不同小写字母处理间差异显著(P<0.05)。

图 6-3　保水剂不同施用量对玉米地上部生物量的影响

于 CK 处理 76.8%;玉米吐丝期,B4 和 B6 处理的地上部生物量分别较 CK 处理显著提高 41.3%、40.3%;灌浆期,B4 和 B6 处理的地上部生物量分别较 CK 处理显著提高 71.5%、65.3%;收获期,B4、B6 和 B8 处理的地上部生物量分别较 CK 处理显著提高 51.4%、48.2%、45.7%。

二、玉米产量性状

表 6-3 为不同保水剂施用量下玉米产量性状。由表 6-3 可知,施用沃特保水剂不同量均可显著改善玉米的产量性状,从而提高其产量。保水剂不同施用量下玉米产量性状(穗长、穗粗、穗粒数和百粒质量)差异有所不同。施用保水剂不同量处理下,玉米穗长较 CK 处理下增加 0.2~1.2 cm,较 CK 处理提高 1.3%~7.8%;穗粗增加 1.3~3.2 cm,提高 2.5%~6.3%。而穗粒数 B4、B6、B8 处理较 CK 处理显著增加 42~57 个,提高 10.8%~14.7%。各处理玉米百粒质量高低次序依次为 B6、B4、B2、B8、CK, 较 CK 处理增加 0.7~2.7 g, 提高了 2.2%~7.8%。施用保水剂不同处理下,玉米产量均显著高于 CK 处理,其中,各处理玉米产量高低次序为 B4、B6、B2、B8、CK。施用保水剂 B2、B4、B6 和 B8 处理的玉米籽粒产量分别较 CK 处理显著提高 26.5%、41.8%、39.8%、13.9%。通过以上分析可知,施用保水剂 60~90 kg/hm² 对玉米的增产效果最佳。

表 6-3　不同保水剂施用量下玉米产量性状

处理	穗粒数 /个	穗长 /cm	百粒重 /(g·100 粒⁻¹)	穗粗 /mm	穗重/g	籽粒产量 /(kg·hm⁻²)
CK	388b	15.4b	34.56c	50.72c	186.12c	7482.0c
B2	383b	15.6b	35.32b	52.01b	208.64b	9462.0b
B4	430ab	16.6a	36.39ab	53.92a	235.22a	10612.5a
B6	445a	16.1ab	37.24a	53.42a	213.54b	10456.5ab
B8	443a	16.4a	35.27b	52.5ab	207.39b	8521.5bc

注:1. CK 为不施保水剂,B2 为施用保水剂 30 kg/hm²,B4 为施用保水剂 60 kg/hm²,B6 为施用保水剂 90 kg/hm²,B8 为施用保水剂 120 kg/hm²。2. 同一列不同小写字母处理间差异显著($P<0.05$)。

三、玉米水分利用效率及经济效益

表 6-4 为不同保水剂施用量下玉米水分利用效率与经济效益。由表 6-4 可知,施用土壤保水剂可通过改善土壤的水分状况、降低作物耗水,从而提高作物的水分利用效率。不同保水剂施用量下作物耗水量较 CK 处理降低 1.0%~10.4%,其中 B4、B6、B8 处理的作物耗水量较 CK 处理显著降低 6.5%、

7.2%、10.4%。各处理玉米水分利用效率高低次序依次为 B4、B6、B2、B8、CK，B4 处理的水分利用效率最高，为 37.92 kg/(hm²·mm)，与 CK 处理相比，其增幅最大，为 51.7%；其次为 B6 处理，较 CK 处理显著提高 50.5%；B2、B8 处理的效果较差，其水分利用效率分别较 CK 处理显著提高 27.7%、27.1%。

各处理纯收益高低顺序依次为 B4、B2、B6、CK、B8。因保水剂不同施用量投入成本存在差异，各处理总投入成本依次为 B8、B6、B4、B2、CK，B4 处理的净收入最高（6 090.0 元/hm²）；B2 处理（6 069.6 元/hm²）次之。B2、B4 处理净收入较 CK 处理显著提高 21.7%、22.2%，而 B8 处理较 CK 处理显著降低47.5%。

表 6-4　不同保水剂施用量下玉米水分利用效率与经济效益

处理	产量 /(kg·hm⁻²)	耗水量 /mm	水分利用效率 /(kg·hm⁻²·mm⁻¹)	投入 /(元·hm⁻²)	产出 /(元·hm⁻²)	纯收益 /(元·hm⁻²)
CK	7 482.0c	299.33a	25.00c	1 000	5 985.6c	4 985.6b
B2	9 462.0b	296.35a	31.93b	1 500	7 569.6b	6 069.6a
B4	10 612.5a	279.89b	37.92a	2 400	8 490.0a	6 090.0a
B6	10 456.5ab	277.89b	37.63a	3 300	8 365.2ab	5 065.2b
B8	8 521.5bc	268.19b	31.77b	4 200	6 817.2c	2 617.2c

注：1. CK 为不施保水剂，B2 为施用保水剂 30 kg/hm²，B4 为施用保水剂 60 kg/hm²，B6 为施用保水剂 90 kg/hm²，B8 为施用保水剂 120 kg/hm²。2. 同一列不同小写字母处理间差异显著（$P<0.05$）。

第四节　讨论与结论

一、讨论

（一）土壤水分

张丽华等（2016）研究认为，苗期和拔节期深层（30~40 cm）施用保水剂时土壤含水率均高于浅层（10~20 cm）施用及不施保水剂的处理，这是由于保水剂深施既不影响上层水分向下入渗，又能抑制保水剂施用层水分向下运移。侯贤清等（2015b）研究结果表明，在马铃薯关键生育期，施用沃特保水剂后使土壤水分得到改善,0~100 cm 土层土壤贮水量均高于对照组,且施用量越大,土壤水分含量越高,这是由于保水剂施入土壤后,具有快速吸水、保水,并缓慢释水的特性所决定。本研究结果还表明,在玉米各生育期,随保水剂施用量增大,土壤水分含量升高,其保墒效果逐渐增强。分析其可能的原因:沃特保水剂具有较强的吸水和释水性能(白文波等,2010b),施用土壤后可将土壤有效水分贮藏起来,供作物生育后期吸收利用,这与侯贤清等(2015b)的研究结果相似。

(二)土壤养分

马征等(2017)研究结果表明,有机肥型保水剂对提高土壤团聚体和促进养分吸收利用均具有显著效果。徐刚等(2012)研究发现,保水剂和氮肥配施可大幅提高肥料利用率,降低肥料损失。杜建军等(2007)也报道,施用土壤保水剂能显著降低氮磷钾养分损失,并随保水剂用量增加而增强。本研究结果表明,施用保水剂后,土壤有机质、全氮以及速效养分均明显提高,起到保肥的效果。这是由于沃特保水剂显著改善了土壤结构和水分状况,加速土壤有机质的分解与矿化,促进土壤养分的转化供应,保蓄土壤的有效养分(侯贤清等,2015d)。

(三)玉米产量与水分利用效率

程红胜等(2017)研究发现,施用生物碳基保水剂可有效提高土壤的持水保水性能,提高油菜的地上生物量及水分利用效率。张蕊等(2013b)研究表明,在干旱半干旱区和干旱区,保水剂能显著提高作物产量及水分利用效率。本研究也发现,在宁夏干旱区施用保水剂可促进玉米生长,显著提高玉米籽粒产量和水分利用效率,以施用保水剂 60~90 kg/hm² 为最优。这是由于保水剂能有效提高土壤水分,为作物生长提供良好的土壤水分环境,促进作物生长,提高产量和水分利用效率(秦舒浩等,2013)。

(四)玉米收益

李海金等(2011)研究表明,保水剂施用量为 30 kg/hm² 时,其经济效益最佳,玉米产量最高。邹超煜等(2015)根据不同作物施用保水剂的产值情况,建议干旱半干旱区推广应用保水剂应优先选择马铃薯、西瓜,干旱区应优先选择向日葵、玉米。本研究结果表明,施用保水剂不同量能显著提高玉米纯收益,保水剂施用量为 60 kg/hm² 时,经济效益最高;本研究还发现,施用沃特多功能保水剂,能表现出水分和养分间较好的协同效应,促进了玉米生长发育,从而使作物增产增收,建议推荐沃特保水剂施用量为 60~90 kg/hm²。这一结论将对宁夏扬黄灌区保水剂合理施用,实现土壤水肥同步,提高作物增产增收,具有重要的现实指导意义。

二、结论

1. 玉米生育期土壤贮水量随保水剂施用量增加而增加,以 90 kg/hm² 和 120 kg/hm² 保水处理的效果最为显著。施用保水剂能有效增加土壤有机质和速效氮磷钾的含量,施用保水剂 60~90 kg/hm² 对提高土壤的保肥供肥效果最佳。

2. 保水剂不同施用量可明显提高植株株高、茎粗和地上部生物量,施用 60 kg/hm² 和 90 kg/hm² 保水剂处理对玉米生长的促进效果显著。与不施保水剂处理相比,施用保水剂 60 kg/hm² 处理的玉米增产和提高水分利用效率效果最佳,其次是施用保水剂 90 kg/hm² 处理。

结合经济效益分析,保水剂施用量为 60~90 kg/hm² 时,经济效益最高。可见,穴施沃特保水剂可有效改善土壤保水保肥效果,促进玉米生长,实现作物的增产增收。在宁夏扬黄灌区推荐保水剂施用量为 60~90 kg/hm²。

三、建议

宁夏盐环定扬黄灌区主要以半干旱农业区为主,年降水量仅在 250 mm 左右。前人研究发现,保水剂施用时必须具备一定的年降水量或灌水量才可以获得较好的效果(SilberbuSh,et al.,1993;汪亚峰等,2005)。而年降水量较低的区域,单一施用保水剂效果并不理想,需进行其他灌溉设施的结合使用才能发挥效果。

本研究发现,滴灌下施用保水剂后玉米不但产量提高更快,并且经济效益有所提高。说明滴灌可进一步发挥保水剂的保水效果,保水剂带来的收益更大。因此在宁夏半干旱区最适宜在滴灌的基础上施用保水剂,可提升玉米产量和经济效益。

第七章　秸秆还田下保水剂用量对
砂性土性状与玉米产量的影响

　　玉米是宁夏的三大粮食作物之一,是播种面积和单产增长速度最快的作物,总产量占粮食总产的 46%,位居粮食作物之首(陈璐,2016),提高玉米产量对保障宁夏粮食安全至关重要。宁夏盐环定(盐池、环县、定边)扬黄灌区光热资源丰富,玉米单产水平高,发展潜力大(王永宏等,2013)。然而,该区玉米种植不仅缺水,土壤以灰钙土为主,部分区域严重沙化形成风沙土,土壤瘠薄,肥力低下,成为限制玉米生产的主要因素(王艳丽等,2019)。

　　在节水技术措施中,使用化学保水材料是旱区发展节水农业比较理想的措施(Chen,et al.,2017),保水剂应用是近年来受到重视的一种化学抗旱节水增产技术, 在农业生产等诸多方面具有广阔的应用发展前景 (Cao,et al.,2017;杨永辉等,2015;白岗栓等,2020)。保水剂是一种具有强吸水能力的新型高分子聚合物,能够反复吸水、释水(Li,et al.,2013),能疏松土壤,减缓土壤水分的释放速度,显著抑制水分的蒸发,具有抗旱保水、改良土壤、水土保持与促进养分吸收等多重功能,可为作物提供适宜的水分环境,从而促进作物生长及水分利用效率(Heidar,et al.,2014)。将保水剂施入土壤后,能加强土壤的吸水能力,增加土壤含水率,同时又能有效改善土壤持水性等物理特性(杨永辉等,2011;Liao,et al.,2016)。但保水剂在不同地区、气候、土壤类型下应用效果差异较大,使得实际生产中保水剂的应用效果千差万别(田露等,2020)。

　　秸秆还田作为农业生产中重要的土壤培肥措施, 既可充分利用秸秆资源、减轻焚烧对生态环境的不良影响,又是实现农业可持续性发展的有效途径之一,其主要作用体现在改善土壤物理结构,增强土壤生物活性,提高土壤有机质等方面（Zhang, et al., 2014；张万锋等, 2021）。保水剂可有效减少土壤水分和养分流失，促进作物的干物质积累，显著提高水肥利用效率（Hou, et al., 2018；马征等, 2017）。宁夏盐环定扬黄灌区季节性干旱频发，砂地土壤贫瘠，且漏水漏肥严重，将保水剂的保水保肥功能和秸秆还田增加土壤肥力的功能有机结合，这对促进该地区砂性土壤改良和农业生产具有重要现实意义，特别是对砂性土壤容重达到 1.5 kg/cm³ 以上的改良。然而，灌区秸秆还田条件下施用保水剂对砂性土壤性状改良及作物产量的影响却鲜有研究。因此，本文针对宁夏盐环定扬黄灌区土壤沙化严重、保水保肥性能差等特点，在秸秆还田条件下，连续三年采用沃特多功能保水剂开展田间试验，研究其不同用量对砂性土壤理化性质及玉米生长、产量和水分利用效率的影响，探明其对土壤性状的改良和培肥效应，以期为宁夏盐环定扬黄灌区砂性土的培肥、玉米增产及秸秆还田条件下合理施用保水剂提供理论参考。

第一节　试验设计与测定方法

一、试验区概况

试验于 2016 年 4 月—2018 年 10 月在宁夏回族自治区盐池县冯记沟乡三墩子村天朗现代农业公司玉米试验田进行。试验区基本概况同第六章第一节（略）。2016—2018 年月度降水量和气温如图 7-1 所示，3 年玉米生育期平均降水量为 207.1 mm，平均气温为 9.4℃。其中，2016 年玉米生育期（4—9 月）降水量为 224.2 mm，2017 年为 173.8 mm，2018 年为 223.4 mm。

二、试验设计

试验采用单因素随机区组设计。设保水剂施用水平分别为 30 kg/hm²（W30）、60 kg/hm²（W60）、90 kg/hm²（W90）、120 kg/hm²（W120），以不施保水剂为对照（CK），5 个处理，3 次重复，共 15 个小区，小区面积为 120 m²（12 m×10 m）。

供试保水剂为胜利油田东营华业新材料有限公司生产的沃特多功能保水剂（有机无机杂化保水剂，吸水倍率为 500~1 000，0.18~2.00 mm 粒径大于

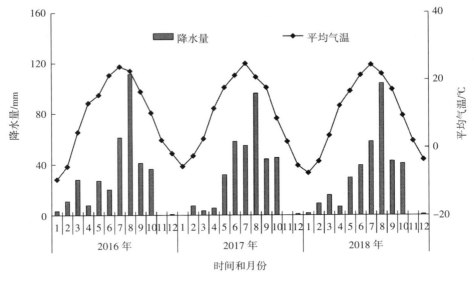

图 7-1 试验地年降水量和平均气温

等于 95%，pH 为 6.0~8.0）。保水剂施用具体方法：2016 年、2017 年在玉米苗期（三叶期），根据试验设计保水剂用量计算出试验小区用量，将保水剂与小区内细土按质量比 1:10 混合均匀后，根据小区植株密度计算出保水剂不同穴施量，在玉米种植行两株玉米中间（株距 22 cm）离玉米植株 10 cm 范围内用手铲（长 15 cm、宽 5 cm）挖穴（穴长 10 cm、宽 5 cm、深 10 cm），按处理区不同施用量施入整个穴中。2018 年，在玉米播种期，根据试验设计保水剂和基肥（磷酸二铵）用量计算出试验小区用量，将保水剂不同用量与磷酸二铵（N 质量分数大于等于 18%，P_2O_5 质量分数大于等于 46%）混合作为种肥，采用气吸式播种机施入 15 cm 深土层中。

试验地前茬作物为春玉米，试验地耕层土壤理化性状同第六章第一节（略）。试验所用玉米秸秆有机养分质量比分别为有机碳 705.8 g/kg、全氮 12.0 g/kg、全磷 2.6 g/kg、全钾 12.7 g/kg。试验布设前将前一年收获后的玉米秸秆利用秸秆还田机切成 3~5 cm 小段，进行翻压还田（还田深度 20 cm），还田量为 9 000 kg/hm²，并配施 300 kg/hm² 尿素，有助于秸秆腐解。

供试玉米品种 2016 年为陇单 9 号，2017 年、2018 年为先玉 1225。采用气吸式播种机精量播种，播种、铺滴灌带、覆土一体完成。玉米宽窄行种植，宽行 70 cm,窄行 30 cm,株距 22 cm,种植密度为 95 250 株/hm²。滴灌带铺设于窄行之间,干土播种,播种后滴水。3 年试验期间玉米播种时基施磷酸二铵用量 300 kg/hm²,玉米生育期灌水及施肥方式采用滴灌施肥,具体灌水和施肥情况同第六章表 6-1。玉米分别于 2016 年 4 月 20 日、2017 年 4 月 22 日和 2018 年 4 月 26 日播种, 于 2016 年 9 月 28 日、2017 年 9 月 30 日和 2018 年 10 月 2 日收获。

三、测定指标与方法

（一）土壤容重

在 2016 年 4 月中旬试验处理前及 2018 年 10 月收获后玉米种植行两株玉米行中间（玉米株距 22 cm）,采用环刀取样法测定 0~20 cm 和 20~40 cm 层土壤容重,并计算土壤总孔隙度。土壤总孔隙度的计算方法同第六章第一节（略）。

（二）土壤含水量

在玉米播种期、拔节期、抽雄期、吐丝期、灌浆期和收获期采用土钻(直径为 0.08 m)干燥法分别测定 0~100 cm 层土壤质量含水量(每 20 cm 取 1 个土样）。土壤贮水量、玉米耗水量和水分利用效率的计算方法同第六章第一节（略）。

（三）土壤养分

在 2016 年试验处理前、2017 年和 2018 年玉米收获后, 分别测定 0~40 cm 层土壤有机质、碱解氮、有效磷和速效钾含量。测定方法同第六章第一节（略）。

（四）玉米生长指标

测定方法同第六章第一节（略）。

（五）玉米产量性状

测定方法同第六章第一节（略）。

（六）数据统计分析

采用 Excel 2003 制图,SAS 8.0 进行方差分析,并用 LSD 法($P<0.05$)进行多重比较。

第二节 保水剂用量对砂质土壤性状的影响

一、0~40 cm 层土壤容重及孔隙度

土壤容重和孔隙度是衡量土壤供肥、保肥能力及土壤紧实状况的重要指标。由图 7-2a 看出,保水剂施用量对玉米收获期耕层(0~40 cm)土壤容重有显著影响。3 年秸秆还田后,施用保水剂各处理耕层土壤容重由大到小表现为处理前、CK 处理、W30 处理、W120 处理、W90 处理、W60 处理。与试验处理前相比,各处理耕层平均土壤容重显著降低,降幅为 10.9%~22.6%。W60 处理、W90 处理、W120 处理 0~20 cm 层土壤容重分别较 CK 处理显著降低 9.5%、7.3% 和 4.4%,20~40 cm 层分别较 CK 处理显著降低 11.7%、7.9% 和 7.6%;而 W30 处理 与 CK 处理间土壤容重无显著差异,W30 处理、W60 处理、W90 处理、W120 处理间无显著差异。这表明,施用适量保水剂对耕层土壤容重降幅显著。

秸秆还田条件下保水剂可降低土壤容重,增加土壤孔隙度,各处理 0~

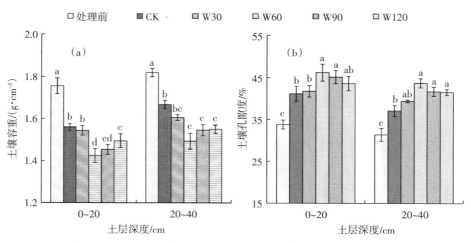

图 7-2 不同保水剂施用量下 0~40 cm 土壤容重和孔隙度的变化

注:1. CK 为不施保水剂,W30 为施用保水剂 30 kg/hm²,W60 为施用保水剂 60 kg/hm²,W90 为施用保水剂 90 kg/hm²,W120 为施用保水剂 120 kg/hm²。2. 不同小写字母处理间差异显著($P<0.05$)。

40 cm 层土壤孔隙度与容重变化趋势相反。保水剂不同用量下耕层土壤孔隙度显著高于试验处理前(图7-2b)。各处理土壤孔隙度与试验处理前相比提高幅度为18.4%~39.4%。0~20 cm 层 W60 处理和 W90 处理土壤孔隙度均显著高于 CK 处理,分别较 CK 处理提高 12.4%、9.7%,而 W30 处理和 W120 处理均与 CK 处理间差异均不显著,W60 处理、W90 处理、W120 处理间亦无显著差异。20~40 cm 层,施用保水剂各处理土壤孔隙度均较 CK 处理显著增加,以 W60 处理土壤孔隙度增幅最高,其次是 W90 处理和 W120 处理,分别较 CK 处理显著提高 17.8%、12.4% 和 12.0%,而保水剂不同用量处理间差异均不显著,W30 处理与 CK 处理间无显著差异。可见,秸秆还田条件下适量施用保水剂能显著改善 0~40 cm 层土壤的孔隙状况。

二、玉米生育期土壤水分

由于当地降水量、灌水量及保水剂施用量的不同,玉米生育期各处理 0~100 cm 层土壤贮水量变化较大(图7-3)。不同生育期降水量、灌水量及玉米耗水强度不同,2016 年、2018 年各处理土壤贮水量呈升高—降低—升高,而 2017 年则呈降低—升高—降低的变化趋势。玉米生育前期植株较小,地面裸露面积大,保水剂施用量与 CK 处理均存在显著差异。2016 年玉米拔节期,施

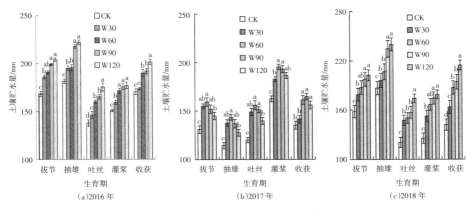

图 7-3　不同保水剂施用量下玉米生育期土壤贮水量的变化

注:1. CK 为不施保水剂,W30 为施用保水剂 30 kg/hm²,W60 为施用保水剂 60 kg/hm²,W90 为施用保水剂 90 kg/hm²,W120 为施用保水剂 120 kg/hm²。2. 不同小写字母处理间差异显著(P<0.05)。

用保水剂各处理土壤贮水量均高于 CK 处理，其中 W90、W120 处理分别较 CK 处理显著提高 18.4%、21.5%。2017 年拔节期，施用保水剂各处理土壤贮水量均显著高于对照，W30、W60、W90 和 W120 处理土壤贮水量分别较 CK 处理显著提高 18.3%、21.7%、16.1%、10.6%；2018 年，随保水剂施用量增加，土壤贮水量显著增加，W30、W60、W90、W120 处理分别较 CK 处理显著提高 13.0%、18.5%、24.8%、27.9%。

在生育中期(抽雄—吐丝期)，气温较高，土壤水分蒸发强烈，作物耗水量增加，各处理土壤贮水量降至最低。2016 年，随保水剂施用量的增加，各处理土壤贮水量升高，其保墒效果逐渐增强。在玉米抽雄期，W90、W120 处理分别较 CK 处理显著提高 20.1%、22.4%；在吐丝期，保水剂不同施用量下土壤贮水量较对照均有不同程度增加，W30、W60、W90、W120 处理分别较 CK 处理显著提高 6.1%、16.2%、19.9%、27.3%。2017 年抽雄至吐丝期，施用保水剂各处理土壤贮水量均显著高于 CK 处理，以 W30、W60 和 W90 处理保水效果最佳，分别较 CK 处理显著提高 22.2%、27.7% 和 22.9%。2018 年，施用保水剂各处理土壤贮水量同 2016 年、2017 年变化一致，且均随保水剂施用量的增加而升高，W30、W60、W90 和 W120 处理分别较 CK 处理显著提高 13.6%、17.6%、27.9% 和 36.5%。

玉米生育后期（灌浆—收获期），不同处理 0~100 cm 层土壤水分有所恢复。2016 年施用保水剂各处理与 CK 处理相比，土壤保水效果得到显著改善，其中 W60、W90 和 W120 处理最佳，分别较 CK 处理显著提高 12.4%、14.3%、17.7%。2017 年施用保水剂 W60 处理保水效果最佳，W90 和 W120 处理次之，分别较 CK 处理显著提高 19.9%、20.2%、15.1%。2018 年，施用保水剂各处理土壤贮水量均显著高于对照，以 W120 处理保水效果最佳，W90 和 W60 处理次之，分别较 CK 处理显著提高 47.0%、37.6% 和 32.2%。综合 3 年研究结果发现，施用保水剂 W60 和 W90 处理在玉米整个生育期土壤贮水量较高，保水效果最佳。

三、玉米收获期土壤养分

试验处理前及玉米收获后各处理土壤养分含量变化(表 7-1)表明，2016 年玉米收获期土壤有机质和有效磷含量与试验处理前相比，W60 处理和 W90 处理均明显增加，但差异不显著，其他处理则均不利于有机质和有效磷含量的提升，其中 CK 处理和 W30 处理有机质和有效磷含量的消耗程度最大。土壤速效钾含量 2016 年各处理均显著低于试验处理前。经过第二年和第三年秸秆还田后，2017 年、2018 年玉米收获期土壤有机质含量与试验处理前相比，W60 和 W90 处理均显著增加，增幅为 8.5%~18.0%，而其他处理略有降低。施用保水剂各处理土壤有效磷和速效钾含量均显著高于试验处理前，而

表 7-1　保水剂施用量对 0~40 cm 层土壤养分状况的影响

年份	处理	有机质含量 /(g·kg⁻¹)	碱解氮含量 /(mg·kg⁻¹)	有效磷含量 /(mg·kg⁻¹)	速效钾含量 /(mg·kg⁻¹)
	处理前	4.70±0.15a	35.20±1.12a	4.6±0.34ab	67.50±2.74a
	CK	3.46±0.17b	23.61±0.93c	2.38±0.26c	30.48±3.34c
2016	W30	3.88±0.20ab	21.88±1.34c	3.57±0.18b	30.90±0.93c
	W60	4.92±0.10a	29.75±1.42ab	5.98±0.29a	50.20±2.44b
	W90	4.92±0.06a	28.00±1.04ab	5.62±0.24a	40.40±4.02bc
	W120	4.63±0.12a	24.50±1.26bc	4.36±0.22ab	30.00±1.72c
	处理前	4.70±0.15ab	35.20±1.12a	4.60±0.34d	67.50±2.74c
	CK	4.07±0.07c	22.51±1.21b	5.02±0.13cd	69.95±3.62c
2017	W30	4.51±0.14bc	26.65±0.88b	6.83±0.36ab	78.14±2.85b
	W60	5.47±0.08a	34.21±0.84a	7.46±0.43a	84.88±3.72a
	W90	5.10±0.16a	28.65±1.35ab	6.12±0.38bc	89.09±4.08a
	W120	4.31±0.10bc	24.48±0.98b	5.36±0.29c	80.08±3.96ab
	处理前	4.70±0.15ab	35.20±1.34bc	4.60±0.30c	67.52±1.99c
	CK	4.20±0.22b	31.74±0.99c	5.53±0.22bc	70.64±2.57bc
2018	W30	4.60±0.10b	33.98±1.20c	7.61±0.17a	82.58±2.46ab
	W60	5.62±0.18a	39.87±1.65a	7.89±0.29a	88.33±3.12a
	W90	5.41±0.24a	38.13±0.72ab	6.21±0.26ab	85.91±2.85a
	W120	4.26±0.16b	34.61±1.53bc	5.68±0.41b	75.16±3.04b

注：1. CK 为不施保水剂，W30 为施用保水剂 30 kg/hm²，W60 为施用保水剂 60 kg/hm²，W90 为施用保水剂 90 kg/hm²，W120 为施用保水剂 120 kg/hm²。2. 不同小写字母处理间差异显著（$P<0.05$）。

不施保水剂处理与试验处理前差异不显著。3年土壤碱解氮含量各处理均低于试验处理前,施用保水剂W60(除2018年外)和W90处理与试验处理前差异均不显著,而其他处理均显著低于试验处理前,这是由于秸秆还田后秸秆腐解消耗土壤中一定的氮素,导致土壤碱解氮含量明显下降。

秸秆还田条件下保水剂的保肥作用有助于有机质进行缓慢厌氧分解,从而有利于土壤保肥。2016年,保水剂不同处理0~40 cm层土壤有机质含量均较对照明显增加,其中W60、W90和W120处理增幅高,分别较CK处理显著提高42.2%、42.2%和33.8%。土壤碱解氮含量以W60和W90处理最大,分别较CK处理显著增加26.0%和18.6%。不同处理下土壤有效磷含量由高到低表现为W60、W90、W120、W30、CK,而各处理下土壤速效钾含量由高到低则表现W60、W90、W30、CK、W120,均以W60和W90处理最为显著。2017年、2018年,秸秆还田配施保水剂各处理0~40 cm层土壤有机质、碱解氮含量均较对照明显增加,其中W60和W90处理最为显著。W60、W90处理平均土壤有机质含量分别较CK处理显著提高34.4%和25.3%,平均土壤碱解氮含量分别显著提高52.0%和27.3%。不同处理下土壤有效磷含量两年由高到低均表现为W60、W30、W90、W120、CK,W30、W60、W90处理分别较CK处理显著提高36.8%、45.5%和16.9%;土壤速效钾含量由高到低为W60、W90、W30、W120、CK,W30、W60、W90和W120处理分别平均较CK处理显著提高14.3%、23.2%、24.5%和10.4%。可见,连续秸秆还田条件下增施保水剂能增加土壤有机质、有效磷和速效钾含量,一定程度上缓解对土壤氮素的消耗,提高土壤的保肥供肥能力,其中保水剂施用量60 kg/hm² 和90 kg/hm² 效果较好。

第三节　保水剂用量对玉米生长和产量的影响

一、玉米生长

施用保水剂能改善玉米不同生育期土壤的水肥状况,从而促进玉米的生长发育(表7-2)。3年研究期间,各处理下玉米生育期株高和茎粗均呈先升高后降低的变化趋势。2016年,W60和W90处理整个生育期玉米株高分别较

CK 处理显著增高 13.2% 和 12.1%，而 W30、W120 处理在拔节期和收获期与 CK 处理无显著差异。玉米茎粗在抽雄期达到最大，W30、W60、W90 处理整个生育期玉米茎粗分别较 CK 处理显著提高 10.7%、17.0% 和 11.3%。2017 年，各处理下玉米生育期株高和茎粗均呈先升高后降低的趋势。保水剂各处理玉米整个生育期株高和茎粗均显著高于对照，W30、W60、W90 和 W120 处理株高分别较 CK 处理增高 10.4%、18.9%、20.4% 和 13.7%，茎粗分别提高 7.0%、15.2%、18.6%、13.5%，其中 W60 和 W90 处理对玉米生长促进作用最为显著。2018 年，W60 和 W90 处理玉米生育期株高均与 CK 处理差异显著，分别较 CK 处理显著提高 9.8% 和 8.6%，而 W60、W90、W120 处理无显著差异，W30、

表 7-2　保水剂施用量对玉米不同生育期株高和茎粗的影响

年份	处理	拔节期		抽雄期		吐丝期		灌浆期		收获期	
		株高/cm	茎粗/mm	株高/cm	茎粗/mm	株高/cm	茎粗/mm	株高/cm	茎粗/mm	株高/cm	茎粗/mm
2016	CK	38.4±1.7b	13.63±0.34c	138.7±4.5b	21.30±2.89c	229.3±8.5b	21.70±0.77b	223.8±7.3c	20.06±3.25c	228.3±7.8b	20.29±1.67b
	W30	42.3±1.37ab	15.70±0.55b	149.0±5.4a	24.60±3.67a	245.0±6.3a	23.30±0.94a	233.5±7.0c	21.90±2.07b	228.0±8.4b	21.82±2.11a
	W60	48.5±2.1a	17.30±0.13a	161.2±7.6a	25.82±2.62a	247.5±7.5a	23.76±0.85a	259.5±8.2a	23.54±4.15a	255.5±6.9a	23.03±3.06a
	W90	45.0±3.2a	16.43±0.82ab	158.7±4.2a	25.03±3.15a	249.0±9.2a	23.66±1.02a	260.0±7.4a	23.11±1.98a	249.5±8.0a	19.74±2.88b
	W120	44.3±2.2ab	16.26±0.54ab	158.0±6.5a	23.62±4.84b	254.0±11.8a	23.00±0.94a	246.5±9.0b	21.56±2.83b	244.0±7.9ab	19.92±1.69b
2017	CK	30.51.8c	10.56±0.68b	94.2±5.5b	18.41±3.71c	111.8±8.3d	23.29±0.88c	187.0±6.4b	23.97±3.06b	180.8±8.0b	20.69±2.24d
	W30	39.8±2.9b	12.61±0.41b	98.0±4.6ab	18.48±3.79c	127.0±10.0bc	24.96±0.96ab	199.7±7.9b	25.30±2.99a	198.2±7.9b	21.25±3.72cd
	W60	46.6±3.8a	15.27±0.66a	107.8±8.3a	20.89±4.70b	141.1±8.9a	25.82±1.21a	212.8±7.0a	26.15±1.89a	210.3±6.8a	22.32±2.81bc
	W90	44.8±4.1ab	15.03±0.50a	107.2±7.4a	22.26±4.44a	140.7±9.6a	25.90±0.96a	224.2±8.0a	26.28±3.46a	220.2±8.9a	24.23±3.63a
	W120	44.3±2.2ab	14.55±0.38a	102.7±6.9a	21.19±3.58ab	121.4±7.6cd	24.71±0.89b	210.3±9.3a	25.69±2.86a	203.7±6.2a	22.72±2.58b

续表

年份	处理	拔节期		抽雄期		吐丝期		灌浆期		收获期	
		株高/cm	茎粗/mm	株高/cm	茎粗/mm	株高/cm	茎粗/mm	株高/cm	茎粗/mm	株高/cm	茎粗/mm
2018	CK	45.7±1.8b	11.31±0.51c	120.7±5.0b	22.31±3.30c	247.3±8.4c	20.32±0.83c	269.6±6.8c	21.04±3.16c	45.7±1.8b	11.31±0.51c
	W30	55.0±2.0ab	13.37±0.46b	124.0±4.8ab	24.37±3.55b	288.0±7.8a	22.85±0.95a	285.3±7.5a	21.10±2.53c	55.0±2.0ab	13.37±0.46b
	W60	68.0±1.1a	14.82±0.40a	154.0±8.0a	25.82±3.68a	284.2±8.3a	22.69±1.04a	292.3±7.6a	23.77±3.04a	68.0±1.1a	14.82±0.40a
	W90	69.1±3.4a	14.72±0.60a	153.7±5.2a	25.72±3.45a	286.3±8.6a	21.97±0.90ab	293.9±7.0a	22.93±2.47b	69.1±3.4a	14.72±0.60a
	W120	61.0±2.2a	13.13±0.46b	146.0±6.7a	24.13±4.21b	269.3±9.8b	21.11±0.93b	275.2±9.3b	21.84±2.89b	61.0±2.2a	13.13±0.46b

注：1. CK 为不施保水剂，W30 为施用保水剂 30 kg/hm²，W60 为施用保水剂 60 kg/hm²，W90 为施用保水剂 90 kg/hm²，W120 为施用保水剂 120 kg/hm²。2. 不同小写字母处理间差异显著（$P<0.05$）。

W120、CK 处理间差异不显著。可见，W60 和 W90 处理与其他保水剂施用量处理相比，对促进玉米茎粗增长最为显著。

图 7-4 为不同保水剂施用量对玉米地上部生物量的影响。不同处理下玉米主要生育期地上部生物量呈逐渐上升的变化趋势，收获期达到最大。2016年，W60 处理整个生育期玉米地上部生物量均显著高于 CK 处理。拔节期，W60、W90 和 W120 处理分别较 CK 处理显著提高 70.8%、54.2%、43.8%；抽雄期，W60 处理较 CK 处理显著提高 76.8%；吐丝期，W60 和 W90 处理分别较 CK 处理显著提高 41.3%、40.3%；灌浆期，W60 和 W90 处理分别较 CK 处理显著提高 71.5%、65.3%；收获期，W60、W90 和 W120 处理分别较 CK 处理显著提高 51.4%、48.2%、45.7%。2017 年，施用保水剂各处理地上部生物量与株高变化趋势一致，W60、W90 处理对玉米整个生育期地上部生物量影响最为显著，其次为 W120 和 W30 处理。W60 与 W90 处理、W30 与 W120 处理间差异不显著，但均显著高于 CK 处理。W60、W90 处理平均玉米地上部生物量分别较 CK 处理显著提高 66.7% 和 58.3%，W30、W120 处理分别较 CK 处理显著提高 23.9% 和 45.0%。2018 年，在生育前期（拔节—抽雄期），由于植株较小，地

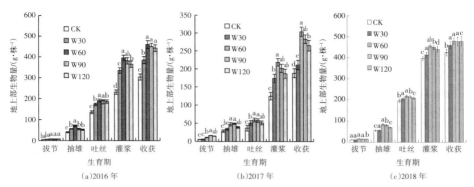

图 7-4　不同保水剂施用量对玉米地上部生物量的影响

注：1. CK 为不施保水剂，W30 为施用保水剂 30 kg/hm²，W60 为施用保水剂 60 kg/hm²，W90 为施用保水剂 90 kg/hm²，W120 为施用保水剂 120 kg/hm²。2. 不同小写字母处理间差异显著（P<0.05）。

上部生物量变化幅度不大。生育中后期（吐丝期以后），各处理地上部生物量快速增加，由大到小表现为 W60、W90、W120、W30、CK。收获期，W60 和 W90 处理分别较 CK 处理显著增加 13.1% 和 12.5%。可见，施用保水剂可促进玉米地上部生物量累积，其中以施用保水剂 60 kg/hm²、90 kg/hm² 效果最佳。

二、玉米产量性状

由表 7-3 可知，秸秆还田后施用保水剂各处理对促进玉米公顷穗数、穗粒数和百粒重提高效果不同。公顷穗数以 W60 处理表现最为显著，3 年平均较 CK 处理增加 18.6%，各保水剂处理公顷穗数均与 CK 处理差异显著。W60 和 W90 处理 3 年穗粒数均值较 CK 处理分别显著提高 29.6%、20.2%，其次是 W30 和 W120 处理，分别提高 10.8%、17.5%。百粒重表现为 W60>W90>W120>W30>CK，其中 W60、W90、W120、W30 处理百粒重 3 年均值较 CK 处理分别显著提高 8.8%、6.8%、4.9% 和 4.0%。

秸秆还田条件下各保水剂处理玉米籽粒产量随保水剂量的增加呈逐渐先上升后降低的趋势（表 7-3）。因保水剂施用量的不同，使玉米产量存在显著差异。2016 年，各处理玉米产量由高到低表现为 W60、W90、W30、W120、CK。施用保水剂各处理下玉米产量均显著高于 CK 处理，W30、W60 和 W90 处理玉米产量分别较 CK 处理显著提高 26.5%、41.8%、39.8%，而 W120 处理与 CK 差异不显著。2017 年，各处理玉米产量由高到低表现为 W60、W90、W120、W30、CK。W30、W60、W90 和 W120 处理玉米产量均显著高于 CK 处理，而 W30、W90 和 W120 处理间无显著差异。W30、W60、W90 和 W120 处理玉米籽粒产量分别较 CK 处理显著提高 23.5%、34.5%、29.1% 和 20.3%，其中 W60 处理最为显著。2018 年，与 CK 处理相比，各保水剂处理增产幅度由高到低依次为 W60、W90、W30、W120，增产幅度显著，分别为 29.4%、23.8%、21.7% 和 21.4%。综合 3 年研究发现，秸秆还田条件下施用保水剂 60 kg/hm²、90 kg/hm² 处理玉米的增产效果较好。

表 7-3　不同保水剂施用量下玉米产量性状

年份	处理	穗数 /(个·hm⁻²)	穗粒数 /个	百粒重 /g	籽粒产量 /(kg·hm⁻²)
2016	CK	83 687±6 136c	388±11.7b	34.6±0.98c	7 482.0±347.2c
	B30	89 667±1 955b	383±18.8b	35.3±1.75b	9 462.0±276.4b
	B60	98 635±2 864a	430±7.4ab	36.4±0.94ab	10 612.5±301.9a
	B90	88 778±3 212b	445±35.6a	37.2±0.52a	10 456.5±415.3ab
	B120	88 589±2 537b	443±15.6a	35.3±1.02b	8 521.5±368.0bc
2017	CK	76 666±1 222d	454±25.8c	35.4±0.76c	8 383.4±315.8c
	B30	85 456±2 314c	582±29.2b	38.4±0.55b	10 350.8±384b
	B60	92 222±3 849a	662±14.4a	41.4±0.79a	11 277.5±308.1a
	B90	89 670±3 210b	578±23.8b	38.7±0.66b	10 820.2±391.6b
	B120	86 666±2 988c	566±32.6b	38.7±0.45b	10 090.7±298.8b
2018	CK	68 923±2 223b	426±8.6b	33.9±0.63b	8 048.3±213.5c
	B30	78 928±1 483a	440±20.6b	34.4±0.50ab	9 793.6±272.6b
	B60	81 152±3 095a	551±31.8a	35.2±0.72a	10 416.8±146.7a
	B90	80 040±2 888a	501±31.0ab	35.1±0.46a	9 960.2±172.2b
	B120	77 817±1 471a	481±13.9ab	35.0±0.71a	9 771.4±138.4b

* 注：1. CK 为不施保水剂，W30 为施用保水剂 30 kg/hm²，W60 为施用保水剂 60 kg/hm²，W90 为施用保水剂 90 kg/hm²，W120 为施用保水剂 120 kg/hm²。2. 不同小写字母处理间差异显著（P<0.05）。

第四节　保水剂用量对玉米水分利用效率及经济效益的影响

一、玉米水分利用效率

秸秆还田条件下施用保水剂对作物耗水量和水分利用效率产生一定的影响（表7-4）。2016年，不同保水剂施用量下作物耗水量较对照降低0.6%~6.4%，其中W60、W90、W120处理作物耗水量较CK处理显著降低4.0%、4.4%、6.4%。各处理玉米水分利用效率由高到低依次为W60、W90、W30、W120、CK，W60处理的水分利用效率最高，与CK处理相比显著增加47.7%；其次为W90处理，较CK显著提高46.2%；W30、W120处理次之，其水分利用效率分别较CK处理显著提高27.2%、21.7%。2017年，保水剂各处理作物耗水量较对照显著降低1.4%~6.8%，其中W60、W90处理分别较CK处理显著降低6.1%、6.8%。各处理玉米水分利用效率由高到低依次为W60、W90、W120、W30、CK，W60处理的水分利用效率最高，较CK处理显著增加43.2%；其次为W90处理，较CK显著提高38.5%；W30、W120处理水分利用效率分别较CK提高25.3%、26.5%。2018年，各处理玉米水分利用效率以W60处理最高[28.30 kg/(hm²·mm)]，其次为W90处理[25.10 kg/(hm²·mm)]，分别较CK处理显著增加40.8%和24.9%；而W30和W120处理水分利用效率分别较CK处理显著提高23.9%、20.9%。

表7-4　不同保水剂施用量下玉米的耗水量、水分利用效率与经济效益

年份	处理	耗水量 /mm	水分利用效率 /(kg·hm⁻²·mm⁻¹)	投入 /(元·hm⁻²)	产出 /(元·hm⁻²)	纯收益 /(元·hm⁻²)
	CK	486.34±12.60a	15.38±1.14c	2 500	11971.2±472.6d	9471.2±398.2c
	W30	483.36±14.54a	19.58±2.10b	3 400	15139.2±526.1b	11739.2±457.6ab
2016	W60	466.90±16.61b	22.73±1.23a	4 300	16980.0±499.6a	12680.0±412.8a
	W90	464.90±12.92b	22.49±3.58a	5 200	16730.4±512.3ab	11530.4±384.9b
	W120	455.20±13.23b	18.72±2.19b	6 100	13634.4±422.4c	7534.4±382.6d

年份	处理	耗水量 /mm	水分利用效率 /(kg·hm⁻²·mm⁻¹)	投入 /(元·hm⁻²)	产出 /(元·hm⁻²)	纯收益 /(元·hm⁻²)
2017	CK	431.70±14.53a	19.41±2.14d	2 500	13413.4±389.0c	10913.4±342.8c
	W30	425.49±12.26ab	24.33±1.89c	3 400	16561.3±458.2b	13161.3±414.5b
	W60	405.51±10.42c	27.81±2.52a	4 300	18044.0±474.6a	13744.0±426.3a
	W90	402.32±13.68c	26.89±2.86b	5 200	17312.3±388.7b	12112.3±323.4b
	W120	410.91±11.73bc	24.56±2.46bc	6 100	16145.1±436.4b	10045.1±411.6c
2018	CK	400.40±10.45a	20.10±1.99c	2 500	12877.3±459.3c	10377.3±419.3b
	W30	393.29±10.42b	24.90±2.44b	3 400	15669.8±470.4b	12269.8±441.2a
	W60	368.06±9.34c	28.30±0.91a	4 300	16666.9±342.7a	12366.9±375.5a
	W90	396.81±10.42b	25.10±1.56b	5 200	15936.3±487.4b	10736.3±436.8b
	W120	402.10±12.24a	24.30±1.16b	6 100	15634.2±329.3b	9534.2±394.4c

注：投入包括种子化肥、保水剂及耕作处理人工费和滴灌材料费。种子肥料费平均600 元/hm²，沃特保水剂价格 3 年均为 30 元/kg，人工费均为 400 元/hm²，滴灌材料费均为1 500 元/hm²，玉米售价平均 1.6 元/kg。

二、经济效益分析

如表 7-5 所示，由于保水剂施用量的不同，不同处理的投入存在一定的差异。2016 年，各处理投入由高到低依次为 W120、W90、W60、W30、CK，而各处理纯收益由高到低顺序依次为 W60、W30、W90、CK、W120。W60 处理纯收益最高，W30 和 W90 处理次之，W30、W60、W90 处理纯收益分别较 CK 处理显著提高 23.9%、33.9%、21.7%，而 W120 处理较 CK 处理显著降低 20.4%。2017 年各处理投入与 2016 年基本一致，各处理纯收益由高到低依次为 W60、W30、CK、W90、W120。W60 处理的纯收益最高，W30 处理次之。W30、W60 和 W90 处理的纯收益较 CK 处理显著提高 20.6%、25.9% 和 11.0%，而 W120 处理较 CK 处理略有降低，但差异不显著。2018 年，W60 处理纯收益最高，W30 处理次之，分别较 CK 显著提高 28.6%、29.7%，而 W120 较 CK 处理显著降低 8.8%。可见，结合考虑成本分析，保水剂施用量为 60 kg/hm² 时，玉米增产增效最佳。

第五节　讨论与结论

一、讨论

（一）土壤结构

保水剂反复进行吸水膨胀、释水收缩这一过程可明显改善土壤的容重和孔隙度（杜社妮等，2012）。适量施用保水剂可改善土壤结构和持水能力（Karimi，et al.，2009；Li，et al.，2014）。白岗栓等（2019）研究表明，保水剂施用量为 60 kg/hm² 处理可显著降低 0~20 cm 和 20~40 cm 层土壤容重，而施用量为 45 kg/hm²、75 kg/hm² 处理对土壤容重未产生显著影响。韩玉国等（2012）和李兴等（2012）研究报道，保水剂能够改善土壤孔隙度，并随保水剂浓度的增大，土壤孔隙度逐渐增加。本研究发现，施用沃特保水剂能够降低 0~40 cm 层土壤容重，这是由于沃特保水剂为有机–无机杂化保水剂，具有较高的吸水倍率和膨胀性能，穴施可降低表层土壤容重（侯贤清等，2015a）。然而，本研究中当保水剂施用量超过 90 kg/hm² 后对土壤容重和孔隙度改善的效果增加并不明显。究其原因是过量施用保水剂会降低土壤孔隙度，减弱其通气性，施用保水剂并非越多越好，过量施用保水剂会降低耕层土壤的孔隙率和通气量，降低了对土壤容重和总孔隙度的改善作用。只有适量的保水剂才能改善土壤物理性状，而过量或低量施用保水剂均达不到最佳作用效果（许紫峻等，2016；王琰等，2017）。

（二）土壤水分

有研究表明，保水剂能提高作物不同生育期土壤蓄水和持水能力，可较长时间抵御干旱，且保水剂在试验用量范围内（30~60 kg/hm²）土壤贮水量随保水剂施用量的增加而增加（张丽华等，2017；杨永辉等，2010）。马征等（2017）研究认为，保水剂在玉米生长中后期的保水效果逐渐显现。在 3 年研究中，秸秆还田配施保水剂不同处理，其整个生育期 0~100 层平均土壤贮水量以保水剂施用量 60~90 kg/hm² 保水效果较佳，这可能由于施用适宜用量的沃特保水剂改善了表层土壤结构，有利于下层土壤水分的蓄存（侯贤清等，2015a）。本研究还发现，2016 年和 2018 年土壤保水效果随保水剂施入量增加而增加，2017 年土壤保水效果则随保水剂施入量增加表现为先增后减变化,这与杜社妮等(2007a)研究结果"保水剂的施用使土壤具有储存更多雨水,增加土壤含水量的效果,且土壤含水量随着保水剂施入量增加而增加"相似。这是由于保水剂具有很强的吸水率和释放性能(Bai,et al.,2010;Liu,et al.,2013),且施用保水剂的保水性受不同降水年份降水量的影响。

（三）土壤养分

提文祥(2011)研究认为,施入保水剂后,土壤速效养分释放得到明显改善,达到缓释作用,具有保水保肥效果。王帅等(2018)研究发现,适量施用腐殖酸保水剂能在一定程度上缓解白浆土因玉米生长而导致土壤有机质和全氮含量的消耗程度。马焕成等(2004)研究表明,在森林土壤中增施保水剂可显著提高土壤中速效养分含量,使土壤碱解氮、有效磷和速效钾含量显著提高。本研究结果表明,秸秆还田条件下施用保水剂能有效改善土壤肥力状况,同时在一定程度上缓解有机质矿化分解及对土壤氮素的消耗,提高土壤的保肥和供肥能力,分析其原因是秸秆还田后施用保水剂能改善砂性土壤性状(Zhang,et al.,2014),促进秸秆向土壤有机质转化(赵金花等,2016),促进土壤养分的转化供应,保蓄土壤的有效养分(侯贤清等,2015d)。同时,在灌水施肥后,由于保水剂对土壤水分和养分的吸持能力,使其土壤养分含量明显升高(Hayat and Ali,2004)。

（四）玉米生长

在干旱砂性土中施用保水剂能在一定程度上缓解土壤缺水状况,保障作物的正常生长发育(侯贤清等,2015d)。刘世亮等(2005)研究认为,施用适宜浓度的松土保水剂可有效提高玉米株高、单株叶面积和生物量。吴阳生等(2019)报道,在吉林半干旱区,秸秆还田条件下施用保水剂有利于玉米生长发育。于明英等(2018)研究表明,保水剂可促进作物幼苗株高、叶片数、叶面积增加及干物质积累,当保水剂施用量为 90 kg/hm^2 时,作用最为显著。本研究发现,秸秆还田条件下施用保水剂可促进玉米生长,当保水剂施用量在60~90 kg/hm^2 时效果较好。究其原因:第一,秸秆还田对土壤理化性质具有良好的调控作用(Lou,et al.,2011);第二,保水剂内含有腐殖酸、稀土元素和凹凸棒等营养成分,保水剂与土壤或化肥混合施入土壤后,在土壤中形成良好的土壤结构(黄占斌等,2007;Li,et al.,2013);第三,施入适量保水剂既可发挥秸秆还田改善土壤孔隙结构,又能增强保水剂的保水保肥效果,促进作物的生长（雷锋文等，2019），但保水剂施用量过低时其效果不明显，过高时反而抑制作物的生长（李海燕等，2011）。

（五）玉米水分利用效率

保水剂可提高干旱地区作物水分利用效率（Liao，et al.，2016；Yang，et al.，2017）。秦舒浩等（2013）研究也表明，不同类型保水剂均可以提高作物的水分利用效率。有研究表明，在干旱缺水条件下，施用 45 kg/hm² 保水剂+120 kg/hm² 黄腐酸效果最好，其水分利用效率提高 90%（张蕊等，2013b）。保水剂与水混合用量为 1 kg/m³ 能促进小粒咖啡生长，水分利用效率最高，而当用量为 1.5 kg/m³ 时不利于干物质累积，水分利用效率也无明显提高（Guo，et al.，2017）。本研究结果表明，施用保水剂 60~90 kg/hm² 时可显著提高玉米产量和水分利用效率。这是由于保水剂具有较强的吸释水和保肥的功能，可改善土壤的水肥环境，从而提高产量和水分利用效率（刘小刚等，2014）。然而保水剂用量过大（120 kg/hm²），会引起作物减产和水分利用效率降低，分析其原因：保水剂的最佳用量受土壤和作物种类等诸多因素影响，保水剂施量过多时，在干旱情况下易与作物争夺部分水分，从而使植株受干旱胁迫的程度相对较大，使得膜透性和膜损伤程度增大，影响产量和水分利用效率的增加（Yazdani，et al.，2007；穆俊祥等，2016）。

（六）玉米产量与收益

刘礼等（2020）研究认为，不同保水剂类型对玉米生长、产量及其构成因素的影响不同，均表现为钾离子性聚合物效果更优、非离子性聚合物次之、有机弱酸最弱，因此钾离子性聚合物可作为旱作春玉米田保水剂类型的最佳选择。本研究结果表明，保水剂对提高玉米产量构成和产量均有明显影响，其中施用保水剂 60~90 kg/hm² 对提高玉米公顷穗数、穗粒数及百粒重，增加其产量效果最佳，这与武继承等（2007）和李明等（2014）研究结果"施用保水剂对小麦的具有增产效应，主要通过增加穗长和穗粒数及千粒重来实现的"。分析原因主要由于保水剂可增强对水分的吸收和释放以及促进秸秆分解和保持土壤肥力来改善作物生长的土壤微环境，从而大大提高作物产量（杨永辉等，2010；秦舒浩等，2013）。当保水剂过多时，可能会与作物争夺部分水分，增加植物的干旱胁迫，从而影响产量（Shahram and Felora，2014；穆俊祥等，2016）。

Bai，et al.，（2013）指出，保水剂要因地制宜，应该考虑保水剂成本、吸收特性和实际效果,不提倡在土壤中大量施用保水剂。邹超煜等(2015)根据不同作物施用保水剂的产值来看,建议干旱半干旱区推广应用保水剂应优先选择马铃薯、西瓜,干旱区应优先选择向日葵、玉米。在本研究中,最佳保水剂施用量为 60 kg/hm² 时,能获得较高的玉米收益,这主要是因为施用保水剂能有效改善作物关键生育期土壤水分的状况,促进作物生长和产量形成(刘殿红等,2008;李倩等,2013)。在秸秆还田条件下施用保水剂(两年玉米苗期穴施和一年玉米播种期条施)60 kg/hm²,对砂性土能表现出水分和养分间较好的协同效应,促进玉米的生长发育,提高作物增产增收,对宁夏盐环定扬黄灌区春玉米田合理施用保水剂具有重要的现实指导意义。

二、结论

1. 秸秆还田配施保水剂能有效降低 0~40 cm 层土壤容重,改善土壤的孔隙状况,同时增加 0~40 cm 层土壤有机质和速效氮磷钾含量。

2. 施用保水剂 60、90 kg/hm² 处理对提高土壤的保肥供肥效果最佳,显著促进玉米生长。

3. 与不施保水剂相比,施用保水剂 60 kg/hm² 处理对改善玉米产量构成,玉米增产和水分利用效率提高效果最佳,保水剂 90 kg/hm² 处理次之。

结合 3 年砂性土改良和玉米收益分析,秸秆还田条件下配施保水剂 60 kg/hm²,可有效改善土壤保水保肥效果,促进玉米生长,实现玉米的增产增收,可在宁夏盐环定扬黄灌区玉米田推荐应用。

三、建议

在农业生产中合理施用保水剂,能起到节水、增产、提高土壤养分有效性的作用(魏琛琛等,2019),但因施用方式、施用时间及施用量的不同,其在不同地区、土壤类型对改善土壤理化性质、作物生长、增产效果也不同(侯贤清等,2015a)。保水剂的最佳施用量易受到土壤、当年气候和降水量等多种因素的影响(Li,et al.,2013,2014)。半干旱偏旱区施用土壤保水剂对砂性土改良及玉米收益效应除与保水剂自身吸水保水特性,更重要的是保水剂对土壤的直接和间接效应,如改良土壤结构,以及保水剂施用方式对土壤水肥下移造成的植物根际水分、养分不均衡分布等,这还有待进一步深入研究。

参考文献

［1］ 安娟,刘占仁,王立志,等.沂蒙山区保水剂对径流态氮磷输出的影响［J］.水土保持学报,2013,27(5):95-98.

［2］ 安琪,李红影.保水剂对土壤水分蒸发及荆芥干旱胁迫下生长的影响［J］.安徽农业科学,2011,39(27):16590-16592.

［3］ 包开花,蒙美莲,陈有君,等.覆膜方式和保水剂对旱作马铃薯光合特性及产量的影响［J］.干旱地区农业研究,2016,34(3):139-143,159.

［4］ 包开花.覆膜方式和保水剂对旱作马铃薯生长及土壤特性的影响［D］.呼和浩特:内蒙古农业大学,2015.

［5］ 鲍士旦.土壤农化分析［M］.北京:中国农业出版社,2003,30-58.

［6］ 白文波,宋吉青,李茂松,等.保水剂对土壤水分垂直入渗特征的影响［J］.农业工程学报,2009,25(2):18-23.

［7］ 白文波,李茂松,赵虹瑞,等.保水剂对土壤积水入渗特征的影响［J］.中国农业科学,2010a,43(24):5055-5062.

［8］ 白文波,张浣中,宋吉青.保水剂重复吸水性能的比较研究［J］.中国农业科技导报,2010b,12(3):92-97.

［9］ 白艳姝.马铃薯养分吸收分配规律及施肥对营养品质的影响［D］.呼和浩特:内蒙古农业大学,2007.

［10］ 白岗栓,耿伟,何登峰.保水剂施用量对秦巴山区土壤特性及烤烟生长的影响［J］.浙江大学学报(农业与生命科学版),2019,45(3):343-354.

［11］ 白岗栓,何登峰,耿伟,等.不同保水剂对土壤特性及烤烟生长的影响［J］.中国农业大学学报,2020 25(10):31-43.

［12］ 蔡典雄,王小彬,Keith S.土壤保水剂对土壤持水特性及作物出苗的影响［J］.土壤肥料,1999,(1):13-16.

［13］ 蔡典雄,赵兴宝.浅谈保水剂在南方果树区的应用及前景［J］.中国南方果树,2000,29(2):50.

［14］蔡艳,薛泉宏,侯琳,等.黄土高原几种乔灌木根区土壤微生物区系研究[J].陕西林业科技,2002,(1):4-9.

［15］陈宝玉,王洪君,腾轶龚,等.保水剂对土壤温度和水分动态的影响[J].中国水土保持科学,2008,6(6):32-36.

［16］陈海丽,吴震,刘明池.多功能保水剂对黄瓜生长及产量的影响[J].核农学报,2006,20(4):345-348.

［17］陈学文.土壤特性对保水剂吸水性能的影响[J].安徽农业科学,2011,39(12):7030-7031.

［18］陈璐.气候变化对宁夏中部干旱带玉米生产影响的模拟研究[D].南京:南京信息工程大学,2016.

［19］陈晓佳,吕晓男,麻万诸.保水剂对肥料淋失和百喜草生长的影响[J].浙江农业科学,2004,(3):130-131.

［20］迟永刚,黄占斌,李茂松.保水剂与不同化学材料配合对玉米生理特性的影响[J].干旱地区农业研究,2005,23(6):132-136.

［21］程红胜,沈玉君,孟海波,等.生物炭基保水剂对土壤水分及油菜生长的影响[J].中国农业科技导报,2017,19(2):86-92.

［22］崔亦华,崔英德,郭建维,等.可生物降解高吸水性树脂及其降解性研究进展[J].材料导报,2007,21(5A):235-238.

［23］崔娜,张玉龙,曲波.保水剂对苗期番茄根际土壤微生物数量及土壤酶活性的影响[J].北方园艺,2010,(23):24-26.

［24］崔娜,张玉龙,白丽萍.不同粒径保水剂对土壤物理性质和番茄苗期生长的影响[J].核农学报,2011,25(1):127-130.

［25］崔英德,郭建维,阎文峰,等.SA-IP-SPS型保水剂及其对土壤物理性能的影响[J].农业工程学报,2003,19(1):28-32.

［26］党秀丽,张玉龙,黄毅.保水剂在农业上的应用与研究进展[J].土壤通报,2006,37(2):2352-2355.

［27］杜建军,苟春林,崔英德,等.保水剂对氮肥氨挥发和氮磷钾养分淋溶损失的影响[J].农业环境科学学报,2007,26(4):1296-1301.

［28］杜建军,李永胜,崔英德,等.不同保水剂及用量对砂培黄瓜幼苗生长和水分利用效率的影响[J].农业工程科学,2006,22(11):472-476.

［29］杜守宇,杜伟.宁夏南部山区及中部干旱带马铃薯栽培技术的发展现状、问题及对策[J].中国马铃薯,2008,22(5):309-311.

［30］杜社妮,白岗栓,赵世伟,等.沃特和PAM保水剂对土壤水分及马铃薯生长的影响研

究[J].农业工程学报,2007a,23(8):72–79.

[31] 杜社妮,白岗栓,赵世伟.沃特保水剂对西瓜生长及土壤环境的影响[J].西北农林科技大学学报:自然科学版,2007b,35(8):102–105.

[32] 杜社妮,白岗栓,赵世伟,等.沃特和PAM施用方式对土壤水分及玉米生长的影响[J].农业工程学报,2008,24(11):30–35.

[33] 杜社妮,耿桂俊,于健,等.保水剂施用方式对河套灌区土壤水热条件及玉米生长的影响[J].水土保持通报,2012,32(5):270–276.

[34] 杜太生,康绍忠,魏华.保水剂在节水农业中的应用研究现状与展望[J].农业现代化研究2000,21(5):317–320.

[35] 冯金朝,赵金龙,胡英娣,等.土壤保水剂对沙地农作物生长的影响[J].干旱地区农业研究,1993,11(2):36–40.

[36] 方锋,黄占斌.黄土丘陵区垄沟改良措施对玉米水分利用效率的影响[J].干旱地区农业研究,2006,20(5):20–25.

[37] 方锋,黄占斌,俞满源,等.保水剂与水分控制对辣椒生长及水分利用效率的影响研究[J].中国生态农业学报,2004,12(2):73–76.

[38] 高超,李晓霞.蔡崇法,等.聚丙烯酸钾盐型保水剂在红壤上的施用效果[J].华中农业大学学报,2005,24(4):355–358.

[39] 高天鹏,王东,高海.保水剂对旱地马铃薯产量及叶片叶绿素荧光动力学参数的影响[J].兰州大学学报:自然科学版,2009,45(3):67–72.

[40] 郭书亚,尚赏,张艳,等.不同耕作方式保水剂对夏玉米生长发育的影响[J].中国农学通报,2012,30(24):93–97.

[41] 宫辛玲,刘作新,尹光华,等.土壤保水剂与氮肥的互作效应研究[J].农业工程学报,2008,24(1):50–54.

[42] 苟春林,王新爱,李永胜,等.保水剂与氮肥的相互影响及节水保肥效果[J].中国农业科学,2011,44(19):4015–4021.

[43] 韩玉国,范云涛,赵鲁,等.施入保水剂土壤吸水膨胀试验[J].农业机械学报,2012,43(11):74–79.

[44] 华孟,苏宝林.高吸水树脂在农业上的应用的基础研究[J].中国农业大学学报,1989,15(1):37–43.

[45] 何腾兵,陈焰,班赢红,等.高吸水剂对盆栽玉米和小麦的影响研究[J].耕作与栽培,1997,(1/2):115–118.

[46] 何传龙,李布青,殷雄,等.新型抗旱保水剂对土壤改良和作物抗旱节水作用的初步研究[J].安徽农业科学,2002,30(5):771–773.

[47] 何艳.保水剂与有机碳肥对土壤和植物生长的影响研究[D].北京:北京林业大学,2016.

[48] 侯冠男,刘景辉,郝景慧,等. SAP、PAM 对土壤水分及小麦生长发育和产量的影响[J].中国农学通报,2012,28(18):102-106.

[49] 高聚林,刘克礼,张宝林,等.马铃薯磷素的吸收、积累和分配规律[J].中国马铃薯,2003,17(4):199-203.

[50] 侯贤清,李荣,何文寿,等.两种保水剂对旱作土壤物理性状及马铃薯产量的影响比较[J].核农学报,2015a,29(12):2410-2417.

[51] 侯贤清,李荣,何文寿,等.保水剂施用量对土壤水分利用及马铃薯生长的影响[J].浙江大学学报(农业与生命科学版),2015b,41(5):558-566.

[52] 侯贤清,李荣,何文寿.保水剂施用量对旱作马铃薯产量及养分吸收的影响[J].西北农业学报,2015c,24(10):56-63.

[53] 侯贤清,李荣,何文寿,等.保水剂施用量对旱作土壤理化性质及马铃薯生长的影响[J].水土保持学报,2015d,29(5):325-330.

[54] 胡芬,姜雁北.高吸水剂 KH841 在旱地农业中的应用[J].干旱地区农业研究,1994,12(4):83-86.

[55] 黄占斌,万惠娥,邓西平,等.保水剂在改良土壤和作物抗旱节水中的效应[J].土壤侵蚀与水土保持学报,1999,5(4):52-55.

[56] 黄占斌,张国桢,李秩秩,等.保水剂特性测定及其在农业中的应用[J].农业工程学报,2002,18(1):22-26.

[57] 黄占斌,辛小桂,宁荣昌,等.保水剂在农业生产中的应用与发展趋势[J].干旱地区农业研究,2003,21(3):11-14.

[58] 黄占斌,朱书全,张铃春,等.保水剂在农业改土节水中的效应研究[J].水土保持研究,2004,11(3):57-60.

[59] 黄占斌,夏春良.农用保水剂作用原理研究与发展趋势分析[J].水土保持研究,2005,12(5):108-110.

[60] 黄占斌,张玲春,董莉,等.不同类型保水剂性能及其对玉米生长效应的比较[J].水土保持学报,2007,21(1):140-143,163.

[61] 黄占斌,孙朋成,钟建,等.高分子保水剂在土壤水肥保持和污染治理中的应用进展[J].农业工程学报,2016,32(1):125-131.

[62] 黄伟,田迎宇,张俊花,等.保水剂不同用量处理对甜菜生长和产量的影响[J].西北农业学报,2014,23(3):80-84.

[63] 黄伟,张俊花,朱贵鹏,等.保水剂不同施用方式对马铃薯生长和产量的影响[J].生态学杂志,2015,34(1):1-8.

［64］ 黄震,黄占斌,李文颖,等.不同保水剂对土壤水分和氮素保持的比较研究[J].中国生态农业学报,2010,18(2):245–249.

［65］ 蒋美佳,刘晓林,冯钰梅,等.有机肥配施保水剂对紫色土水分入渗及氮素淋溶的影响[J].水土保持学报,2019,33(5):99–104.

［66］ 纪冰祎,李娜,王云跃.保水剂对土壤物理性质影响的研究进展[J].水土保持应用技术,2018,(5):29–31.

［67］ 介晓磊,李有田,韩燕来,等.保水剂对土壤持水特性的影响[J].河南农业大学学报,2000,34(1):22–24.

［68］ 金忱.旱科威保水剂在吉林省玉米、大豆生产中应用效果研究[D].长春:吉林大学,2020.

［69］ 井大炜,邢尚军,刘方春,等.畦灌配施保水剂改善杨树林下土壤物理性状提高微生物活性[J].农业工程学报,2015,31(14):116–122.

［70］ 廖佳丽,徐福利,赵世伟.宁南山区施肥对马铃薯生长发育、产量及品质的影响[J].中国土壤与肥料,2009a,(4):48–52.

［71］ 廖佳丽,徐福利,赵世伟.不同保水剂对宁南山区马铃薯生长发育和产量的影响[J].西北农业学报,2009b,18(1):238–242.

［72］ 雷锋文,符颖怡,廖宗文,等.保水剂构件的保水保肥效果研究[J].水土保持通报,2019,39(3):151–155.

［73］ 李备,李华耀,宋白雪.保水剂研究进展及旱作农业发展新方向[J].农村经济与科技,2016,27(19):64–65.

［74］ 李常亮.保水剂保水持肥特征及作物效应研究[D].杨凌:西北农林科技大学,2010.

［75］ 李明,张立峰,武东霞,等.补水移栽对甜菜苗期生长及产量品质的影响[J].干旱地区农业研究,2014,32(1):18–24.

［76］ 李海金,刘恩科,张冬梅,等.保水剂对旱地玉米产量性状及产量的影响[J].山西农业科学,2011,39(8):812–813,819.

［77］ 李海燕,张芮,王福霞.保水剂对注水播种玉米土壤水分运移及水分生产效率的影响[J].农业工程学报,2011,27(3):37–42.

［78］ 李继成,张富仓,孙亚联,等.施肥条件下保水剂对土壤蒸发和土壤团聚性状的影响[J].水土保持通报,2008,28(2):48–53,89.

［79］ 李继成.保水剂–土壤–肥料的相互作用机制及作物效应研究[D].杨凌:西北农林科技大学,2008.

［80］ 李晶晶,白岗栓.保水剂在水土保持中的应用及研究进展[J].中国水土保持科学,2012,10(1):114–120.

［81］ 李嘉竹,黄占斌,陈威,等.环境功能材料对半干旱地区土壤水肥利用效率的协同效

应[J].水土保持学报,2012,26(1):232-236.

[82] 李建玲.多功能保水剂对马铃薯产量和水分利用效率影响研究[D].杨凌:西北农林科技大学,2006.

[83] 李建设,高艳明,韩艳霞.Skygel保水剂与供水方式对黄瓜幼苗生长的影响[J].西北农业学报,2010,19(6):134-138.

[84] 李景生,黄韵株.土壤保水剂的吸水保水性能的研究动态[J].中国沙漠,1996,16(1):86-91.

[85] 李开扬,任天瑞.高吸水性树脂在农业中的应用[J].过程工程学报,2002,2(1):91-96.

[86] 李磐,冯耀祖,钟新才.施用抗旱保水剂对棉花产量与水分利用效率的影响[J].新疆农业科学,2011,48(6):1125-1129.

[87] 李秋梅,刘明义,王跃邦.保水剂在果树丰产栽培中的应用研究[J].中国水土保持,2000,(7):26-27.

[88] 李倩,刘景辉,张磊,等.适当保水剂施用和覆盖促进旱作马铃薯生长发育和产量提高[J].农业工程学报,2013,29(7):83-90.

[89] 李倩,巴图,刘景辉,等.保水剂施用方式对土壤酶活性及马铃薯产量的影响[J].西北农林科技大学学报(自然科学版),2017,45(5):116-122.

[90] 李儒,崔荣美,贾志宽,等.不同沟垄覆盖方式对冬小麦土壤水分及水分利用效率的影响[J].中国农业科学,2011,44(16):3312-3322.

[91] 李寿强,关菁.保水剂吸水原理和施用技术[J].现代农业,2012,(6):34-35.

[92] 李世坤,毛小云,廖宗文.复合保水剂的水肥调控模型及其肥效研究[J].水土保持学报,2007,8(4):112-116.

[93] 李兴,蒋进,宋春武,等.不同粒径保水剂吸水特性及其对土壤物理性能的影响[J].干旱区研究,2012,29(4):609-614.

[94] 李杨.保水剂与肥料及土壤的互作机理研究[D].北京:北京林业大学,2012.

[95] 李小炜,孙权,郝春雨,等.宁夏中部干旱带滴灌玉米合理施肥量研究[J].榆林学院学报,2016,26(2):26-30.

[96] 李云开,杨培岭,刘洪禄.保水剂农业应用及其效应研究进展[J].农业工程学报,2002,18(2):182-187.

[97] 李永胜,苟春林,杜建军,等.保水剂与磷肥的相互影响及节水保肥效果[J].水土保持研究,2014,21(6):67-71.

[98] 李永胜,杜建军,刘士哲,等.保水剂对番茄生长及水分利用效率的影响[J].生态环境,2006,15(1):140-144.

[99] 李中阳,吕谋超,樊向阳,等.不同类型保水剂对冬小麦水分利用效率和根系形态的

影响[J].应用生态学报,2015,26(12):3753-3758.

[100]李志军,张富仓,康绍忠.控制性根系分区交替灌溉对冬小麦水分与养分利用的影响[J].农业工程学报,2005,21(8):17-21.

[101]凌永胜,李锦泉,叶丽娇,等.沟施保水剂对闽南丘陵旱地马铃薯产量及土壤水分的影响研究[J].福建农业学报,2010,25(2):158-162.

[102]林文杰,马焕成,周蛟.干旱胁迫下不同保水剂处理的水分动态研究[J].水土保持研究,2004,11(2):121-124.

[103]林叶春,胡跃高,曾昭海.不同节水措施对马铃薯生长及水分利用的影响[J].干旱地区农业研究,2010,28(1):54-60.

[104]刘春生,杨吉华,马玉增,等.抗旱保水剂在果园中的应用效应研究[J].水土保持学报,2003,17(2):134-136.

[105]刘殿红.保水剂对马铃薯生长效应及其机理研究[D].杨凌:西北农林科技大学,2006.

[106]刘殿红,黄占斌,董莉.保水剂施用方式对马铃薯产量和水分利用效率的影响[J].干旱地区农业研究,2007,25(4):105-108,129.

[107]刘殿红,黄占斌,蔡连捷,等.保水剂用法和用量对马铃薯产量和效益的影响[J].西北农业学报,2008,17(1):266-270.

[108]刘克礼,高聚林,任珂,等.旱作马铃薯氮素的吸收、积累和分配规律[J].中国马铃薯,2003,17(6):321-325.

[109]刘方春,马海林,马丙尧,等.容器基质育苗中保水剂对白蜡生长及养分和干物质积累的影响[J].林业科学,2011,47(9):62-68.

[110]刘礼,孙东宝,王庆锁.不同保水剂对旱地春玉米生长发育和产量的影响[J].干旱地区农业研究,2020,38(3):262-268.

[111]刘瑞凤,张俊平,王爱勤,等.PAA-AM/SH复合保水剂吸水性能及缓释效果研究[J].中国农学通报,2005,21(12):205-208.

[112]刘世亮,寇太记,介晓磊,等.保水剂对玉米生长和土壤养分转化供应的影响研究[J].河南农业大学学报,2005,39(2):146-150.

[113]刘效瑞,伍克俊,王景才,等.土壤保水剂对农作物的增产增收效果[J].干旱地区农业研究,1993,11(2):32-35.

[114]刘亚敏,程东娟,胡浩云.保水剂用量对变水头水分入渗特性影响研究[J].人民黄河,2011,33(7):99-100.

[115]刘小平.浅谈干旱对农作物的影响[J].农民致富之友,2013,(18):237.

[116]刘小刚,耿宏焯,程金焕,等.保水剂和灌水对小粒咖啡苗木的节水调控效应[J].农业机械学报,2014,45(3):134-139.

[117]刘迎春,丁素荣,任丽莉.保水剂配施常规肥对荞麦农艺性状和产量的影响[J].贵州农业科学,2016,44(3):56-58.

[118]刘燕,李炎林,余泓,等.不同栽培土壤条件下土壤肥力和马铃薯植株营养动态的变化研究[J].中国农学通报,2012,28(7):243-250.

[119]刘洋,龙凤,李绍才,等.保水剂和PAM对人工土壤颗粒水分蒸发的影响[J].中国水土保持,2015,(2):44-47.

[120]龙明杰,张宏伟,陈志泉,等.高聚物对土壤结构改良的研究Ⅲ.聚丙烯酰胺对赤红壤的改良研究[J].土壤通报,2002,33(1):9-13.

[121]卢会文,肖关丽,黄淋华.不同保水剂施用方式对马铃薯生理指标及农艺性状的影响[J].云南农业大学学报,2012,7(3):334-339.

[122]罗维康.保水剂对甘蔗生长与产量的影响[J].亚热带农业研究,2005,1(1):27-29.

[123]吕美琴.施用保水剂对秋植大豆生长发育及产量的影响[J].中国农学通报,2015,31(12):57-61.

[124]马焕成,罗质斌,陈义群,等.保水剂对土壤养分的保蓄作用[J].浙江林学院学报,2004,21(4):404-407.

[125]马力,周青平,颜红波,等.氮肥与保水剂配施对青燕1号燕麦产量的影响[J].草业科学,2014,31(10):1929-1934.

[126]马生丽,孙凡,汪亚峰.保水剂对土壤水分蒸发的影响研究[J].重庆文理学院学报(自然科学版),2012,31(3):62-66.

[127]马征,姚海燕,张柏松,等.保水剂对黏质潮土团聚体分布、稳定性及玉米养分积累的影响[J].水土保持学报,2017,31(2):221-226.

[128]穆俊祥,曹兴明,刘拴成.保水剂和氮肥配施对马铃薯生长和水肥利用的影响[J].河南农业科学,2016,45(9):35-40.

[129]穆俊祥,孟宁生,刘拴成,等.保水剂用量对马铃薯生长和土壤水分的影响[J].节水灌溉,2017,(2):44-47.

[130]冉艳玲,王益权,张润霞,等.保水剂对土壤持水特性的作用机理研究[J].干旱地区农业研究,2015,33(5):101-107.

[131]秦舒浩,王蒂,张俊莲,等.保水剂对旱作马铃薯土壤水分特性及马铃薯产量形成的影响[J].甘肃农业大学学报,2013,48(2):30-33.

[132]任岩岩,武继承.保水剂对土壤性质及土壤微生物的影响研究进展[J].河南农业科学,2009,(4):13-15.

[133]宋影亮.不同种类的单质肥料对保水剂吸水性能的影响[J].安徽农学通报,2010,16(1):122-123.

[134]宋永莲,王生福,巴音孟克,等.抗旱保水剂在紫花苜蓿种植中应用的试验报告[J].青海草业,2003,12(3):6,10.

[135]孙凤英,刘民,张袁,等.不同保水剂用量对春玉米耗水量及产量影响的研究[J].水利规划与设计,2013,(11):42-46.

[136]孙宏义,李芳,杨新民,等.保水剂处理土壤的抗风蚀性能研究[J].中国沙漠,2005,25(4):618-622.

[137]盛晋华,刘克礼,高聚林,等.旱作马铃薯钾素的吸收、积累和分配规律[J].中国马铃薯,2003,17(6):331-335.

[138]提文祥.保水剂对大豆生长发育的影响[J].大豆科技,2011,(4):44-46.

[139]田露,李立军,晓霞,等.不同保水材料对内蒙古黄土高原旱作玉米幼苗生长及土壤贮水特性的影响[J].干旱地区农业研究,2013,31(5):54-60.

[140]田露,刘景辉,赵宝平,等.保水剂和微生物菌肥配施对旱作燕麦干物质积累、分配、转运和产量的影响[J].生态学杂志,2020,39(9):2996-3003.

[141]谭国波,边少锋,马虹,等.保水剂对玉米出苗率及土壤水分的影响[J].吉林农业科学,2005,30(5):26-32.

[142]吴阳生,王天野,王呈玉,等.施用保水剂对半干旱地区玉米生长发育的影响[J].华北农学报,2019,34(增刊):64-68.

[143]武继承,郑惠玲,史福刚,等.不同水分条件下保水剂对小麦产量和水分利用的影响[J].华北农学报,2007,22(5):40-42.

[144]武继承,管秀娟,杨永辉.地面覆盖和保水剂对冬小麦生长和降水利用的影响[J].应用生态学报,2011,22(1):86-92.

[145]汪亚峰,李茂松,卢玉东,等.20种保水剂吸水特性研究[J].中国农学通报,2005,21(1):167-170.

[146]汪亚峰,李茂松,宋吉青,等.保水剂对土壤体积膨胀率及土壤团聚体影响研究[J].土壤通报,2009,40(5):1022-1025.

[147]王春芳,李喜凤,张晓莲,等.保水剂在农业生产应用上的研究进展[J].现代农业科技,2019,(12):199.

[148]王慧勇,张宏,刘世虹,等.保水剂混施用量对沙质土壤水分垂直入渗特性的影响[J].水土保持研究,2011,18(6):22-24.

[149]王洪君,陈宝玉,梁赫,等.保水剂吸水特性及对玉米苗期生长的影响[J].玉米科学,2011,19(5):96-99.

[150]王启基,王文颖,景增春,等.保水剂对江河源区退化草地土壤水分和植物生长发育的影响[J].草业科学,2005,22(6):52-57.

[151]王荣,刘吉青,周海霞,等.生物有机肥与保水剂对设施连作黄瓜生长和土壤肥力的影响[J].河南农业科学,2018,47(8):45-53.

[152]王帅,姚凯,陈殿元,等.腐殖酸保水剂用量对白浆土养分及玉米产量性状的影响研究[J].玉米科学,2018,26(1):149-153.

[153]王婷,海梅荣,罗海琴,等.水分胁迫对马铃薯光合生理特性和产量的影响[J].云南农业大学学报:自然科学版,2010,25(5):737-742.

[154]王艳丽,吴鹏年,李培富,等.有机肥配施氮肥对滴灌春玉米产量及土壤肥力状况的影响[J].作物学报,2019,45(8):1230-1237.

[155]王琰,井大炜,付修勇,等.保水剂施用量对杨树苗土壤物理性状与微生物活性的影响[J].水土保持通报,2017,37(3):53-58.

[156]王玉明,张子义,樊明寿.马铃薯膜下滴灌节水及生产效率的初步研究[J].中国马铃薯,2009,23(3):148-151.

[157]王永宏,赵如浪,赵健,等.引、扬黄灌区玉米高产田(≥15 000 kg/hm²)特征分析与实现途径[J].作物杂志,2013,(5):108-113.

[158]王志玉,刘作新,蔡崇光,等.两种农用高吸水树脂的制备工艺及其土壤保水效果[J].农业工程学报,2004,20(6):64-67.

[159]王正辉,廖宗文.高吸水树脂的合成及在农业上的应用[J].广东化工,2005,(1):70-72.

[160]魏琛琛,廖人宽,王瑜,等.保水剂与氮磷肥配施对玉米生长及养分吸收的影响[J].水土保持学报,2018,32(6):236-242.

[161]魏琛琛,廖人宽,王瑜,等.保水剂吸释水分与养分动力学规律研究[J].农业机械学报,2019,50(1):275-284.

[162]魏胜林,徐梦莹,张辉.保水剂和泥炭降低pH值效应及对木槿耐碱胁迫的影响[J].江苏农业科学,2011,(1):187-189.

[163]吴德瑜.保水剂与农业[M].北京:中国农业出版社,1991,11.

[164]吴阳生,王天野,王呈玉,等.施用保水剂对半干旱地区玉米生长发育的影响[J].华北农学报,2019,34(增刊):64-68.

[165]吴湘琳,王新勇,葛春辉,等.在干旱条件下保水剂保水效果及其对棉花产量的影响[J].中国农学通报,2014,30(27):198-201.

[166]肖国举,仇正跻,张峰举,等.增温对西北半干旱区马铃薯产量和品质的影响[J].生态学报,2015,35(3):1-12.

[167]邢世和,熊德中,周碧青,等.不同土壤改良剂对土壤生化性质与烤烟产量的影响[J].土壤通报,2005,36(1):72-75.

[168]谢奎忠,杨楼,陆立银,等.氮磷钾肥施用量对庄薯 3 号商品薯率的影响[J].长江蔬菜,2010,(10):52-55.

[169]谢伯承,薛绪掌,王纪华,等.保水剂对土壤持水性状的影响[J].水土保持学报,2003,23(6):44-46.

[170]徐刚,韩玉玲,高文瑞,等.保水剂与氮肥结合对辣椒生长及光合作用的影响[J].江苏农业学报,2012,28(4):823-827.

[171]徐利岗,刘学军,杜历,等.多功能农林保水剂在油葵种植中的应用[J].宁夏工程技术,2014,13(2):138-142.

[172]许紫峻,汪溪远,师庆东,等.不同材质保水剂对玉米生长综合效率的 DEA 模型分析[J].水土保持研究,2017,24(6):160-166.

[173]许紫峻,韩舒,师庆东.不同保水剂对土壤物理性质影响的探究[J].节水灌溉,2016,(10):10-14.

[174]杨金娟.不同培肥方式对中部干旱区马铃薯植株及土壤质量的影响[D].银川:宁夏大学,2013.

[175]杨红善,刘瑞凤,张俊平,等.PAAM-atta 复合保水剂对土壤持水性及其物理性能的影响[J].水土保持学报,2005,19(3):38-41.

[176]杨逢.有机-无机复合保水剂的保水性能和对土壤理化性质的影响[D].兰州:甘肃农业大学,2008.

[177]杨晓昀,王婉东,王振华,等.抗旱保水剂拌种对土壤水分和冬小麦产量影响的研究初报[J].甘肃农业科技,2005,(4):19-20.

[178]杨永辉,赵世伟,黄占斌,等.沃特多功能保水剂保水性能研究[J].干旱地区农业研究,2006,24(5):35-37.

[179]杨永辉,吴普特,武继承,等.保水剂对冬小麦不同生育阶段土壤水分及利用的影响[J].农业工程学报,2010,6(12):19-26.

[180]杨永辉.营养型抗旱保水剂与氮肥配施对土壤与作物的效应研究[D].杨凌:西北农林科技大学,2011.

[181]杨永辉,吴普特,武继承,等.复水前后冬小麦光合生理特征对保水剂用量的响应[J].农业机械学报,2011,42(7):116-123.

[182]杨永辉,武继承,赵世伟,等.保水剂用量对农田生态系统碳足迹的影响[J].农业机械学报,2015,46(4):126-131,125.

[183]姚建武,王艳红,唐明灯,等.施用保水剂对旱地赤红壤持水能力及氮肥淋失的影响[J].水土保持学报,2010,24(5):191-194.

[184]尤晶,李永胜,朱国鹏,等.保水剂农业应用研究现状与展望[J].广东农业科学,

2012,(12):76–79.

[185]于明英,晏清洪,肖娟,等.保水剂对基质育苗及沙培小油菜生长的影响[J].节水灌溉,2018,(1):30–32,37.

[186]岳征文,王百田,王红柳,等.复合营养长效保肥保水剂应用及其缓释节肥效果[J].农业工程学报,2011,27(8):56–62.

[187]俞满源.保水剂与氮肥对马铃薯生长和WUE效应及其机制研究[D].杨凌:西北农林科技大学,2003.

[188]俞满源,黄占斌,方锋,等.保水剂、氮肥及其交互作用对马铃薯生长和产量的效应[J].干旱地区农业研究,2003,21(3):15–19.

[189]员学锋,汪有科,吴普特,等.聚丙烯酰胺减少土壤养分的淋溶损失研究[J].农业环境科学学报,2005a,24(5):929–934

[190]员学锋,汪有科,吴普特.PAM对土壤物理性状影响的试验研究及机理分析[J].水土保持学报,2005b,19(2):37–40.

[191]袁普金,黄兴法,雷廷武,等.波涌灌溉和PAM作用下内蒙古河套灌区水蚀的试验研究[J].中国农业大学学报,2002,7(2):36–40.

[192]赵兴宝.浅谈保水剂在南方果树区的应用及前景[J].热带农业工程,2005,(1):44–45.

[193]赵金花,张丛志,张佳宝.激发式秸秆深还对土壤养分和冬小麦产量的影响[J].土壤学报,2016,53(2):438–449.

[194]张扬,赵世伟,梁向锋,等.保水剂对宁南山区马铃薯产量及土壤水分利用的影响[J].干旱地区农业研究,2009,27(3):27–32.

[195]张朝巍,董博,郭天文,等.施肥与保水剂对半干旱区马铃薯增产效应的研究[J].干旱地区农业研究,2011,29(6):152–156.

[196]张朝巍,董博,郭天文.保水剂对半干旱区马铃薯产量和水分利用效率的影响[J].甘肃农业科技,2011b,(5):7–10.

[197]张国桢,黄占斌,方锋.保水剂对土壤和猕猴桃产量的影响[J].干旱地区农业研究,2003,21(3):26–29.

[198]张富仓,康绍忠.BP保水剂及其对土壤与作物的效应[J].农业工程学报,1999,15(2):74–78.

[199]张丽华,闫伟平,谭国波,等.保水剂不同施用深度对玉米产量及土壤水分利用效率的影响[J].玉米科学,2016,24(1):110–113.

[200]张丽华,边少锋,孙宁,等.保水剂不同粒型及施用量对玉米产量和光合性状的影响[J].玉米科学,2017,25(1):153–156.

[201]张蕊,耿桂俊,白岗栓,等.保水剂施用方式对土壤水热及春小麦生产的影响[J].浙

江大学学报(农业与生命科学版),2012,38(2):211-219.

[202]张蕊,耿桂俊,白岗栓.保水剂施用量对土壤水分和番茄生长的影响[J].中国水土保持科学,2013a,11(2):108-113.

[203]张蕊,于健,耿桂俊,等.PAM施用方式对土壤水热及玉米生长的影响[J].中国水土保持科学,2013b,11(3):96-103.

[204]张万锋,杨树青,靳亚红,等.秸秆深埋下灌水量对土壤水盐分布与夏玉米产量的影响[J].农业机械学报,2021,52(1):228-237.

[205]赵元霞,贾立国,樊明寿.保水剂在马铃薯种植上的应用研究进展[J].中国农学通报,2016,32(3):61-65

[206]赵霞,黄瑞东,李朝海,等.农艺措施和保水剂对土壤蒸发和夏玉米水分利用效率的影响[J].干旱地区农业研究,2013,31(1):101-106.

[207]赵永贵.保水剂的开发及应用进展[J].中国水土保持,1995,(5):52-54.

[208]周岩.土壤调理剂(保水剂)对砂土和砂壤土结构的影响[D].开封:河南大学,2011.

[209]周东果,高俊燕,李进学,等.保水剂对柠檬园土壤温湿度及柠檬生长的影响[J].湖南农业科学,2011,(7):111-114,118.

[210]庄文化,冯浩,吴普特.高分子保水剂农业应用研究进展[J].农业工程学报,2007,23(6):265-270.

[211]邹超煜,白岗栓,于健,等.保水剂对不同作物水分利用效率及产值的影响[J].中国农业大学学报,2015,20(5):66-73.

[212]Andry H, Yamamoto T, Irie T, et al. Water retention, hydraulic conductivity of hydrophilic polymers in sandy soil as affected by temperature and water quality [J]. J Hydrol, 2009, 373:177-183.

[213]Bai WB, Zhang HZ, Liu BC, et al. Effects of super-absorbent polymers on the physical and chemical properties of soil following different wetting and drying cycles[J]. Soil Use Manage, 2010, 26:253-260.

[214]Bai WB, Song JQ, Zhang HZ. Repeated water absorbency of super-absorbent polymers in agricultural field applications: a simulation study [J]. Acta Agric Scan Sect B Plant Sci, 2013,63:433-441.

[215]Cao Y B, Wang B T, Guo H Y, et al. The effect of super absorbent polymers on soil and water conservation on the terraces of the loess plateau [J]. Ecological Engineering, 2017, 102: 270-279.

[216]Chen P, Zhang WA, Luo W, et al. Synthesis of super absorbent polymers by irradiation and their application in agriculture[J]. J Appl Polym Sci, 2004, 93:1748-1755.

［217］Chen X, Huang L, Mao X Y, et al. A comparative study of the cellular microscopic characteristics and mechanisms of maize seedling damage from superabsorbent polymers ［J］. Pedosphere, 2017, 27(2):274–282.

［218］Dorraji S S, Golchin A, Ahmadi S, et al. The effect of hydrophilic polymer and soil salinity on corn growth in sandy and loamy soils ［J］. CLEAN–Soil, Air, Water, 2015, 38(7): 584–591.

［219］Egrinya E A, Islam R, An P, et al. Nitrate retention and physiological adjustment of maize to soil amendment with superabsorbent polymers［J］. Journal of Cleaner Production, 2013, 52: 474–480.

［220］El–Amir S, Helalia AM, Shwaky ME. Effects of acryhope and aquastore polymers on water regime and porosity in sandy soil［J］. Egyp J Soil Sci, 1993, 33:395–404.

［221］Fan R Q, Luo J, Yan S H, et al. Effects of biochar and super absorbent polymer on substrate properties and water spinach growth［J］. Pedosphere, 2015, 25:737–748.

［222］Guo S W, Li P F, Lu L, et al. Maize (Zea mays) growth, water consumption and water use efficiency by application of a super absorbent polymer and fulvic acid under two soil moisture conditions［J］. Journal of China Agricultural University(English edition), 2017, 22(1): 1–11.

［223］Heidar N, Ahmad A, Ali D. Investigating effects of poly acrylat potassium on qualitative characters of grape (Vitis vinifera) in North Khorasan of Iran［J］. Ecology, Environment and Conservation, 2014, 20(2): 651–655.

［224］Hayat R, Ali S. Water absorption by synthetic polymer (Aquasorb) and its effect on soil properties and tomato yield［J］. International Journal of Agriculture & Biology, 2004, 6: 998–1002.

［225］Hou X Q, Li R, He W S, et al. Superabsorbent polymers influence soil physical properties and increase potato tuber yield in a dry–farming region［J］. J Soils Sediments, 2018, 18: 816–826.

［226］Hussain G, Al–Jaloud A A. Effect of irrigation and nitrogen on water use efficiency of wheat in Saudi Arabia［J］. Agricultural Water Management, 1995, 27(2):143–153.

［227］Islam M R, Mao S S, Xue X Z, et al. A lysimeter study of nitrate leaching, optimum fertilisation rate and growth responses of corn (Zea mays L.) following soil amendment with water–saving super–absorbent polymer［J］. J Sci Food Agric. 2011, 91:1990–1997.

［228］Islam M R, Hu Y, Mao S, et al. Effectiveness of a water–saving super–absorbent polymer in soil water conservation for corn (Zea mays L.) based on eco–physiological parameters [J]. Journal of the Science of Food & Agriculture, 2011, 91 (11):1998–2005.

[229]Jiang T, Teng L, Wei S, et al. Application of polyacrylamide to reduce phosphorus losses from a Chinese purple soil: A laboratory and field investigation [J]. Journal of Environmental Management, 2010, 91(7):1437–1445.

[230]Janardan S, Singh J. Effect of stockosorb polymers ad potassium levels on potato and onion [J]. J Potassium Res, 1998, 4(1):78–82.

[231]Karimi A, Noshadi M, Ahmadzadeh M. Effects of super absorbent polymer (igeta) on crop, soil water and irrigation interval [J]. J Sci Technol Agric Nat Res., 2009, 12: 415–420.

[232]Kemper W D, Rosenau R C. Aggregate stability and size distribution. In: Klute A. Methods of Soil Analysis. Part 1. Physical and Mineralogical Methods [M]. ASA–SSSA, Madison, WI, 1986: 425–442.

[233]Li X, He J Z, Liu Y R,et al. Effects of super absorbent polymers on soil microbial properties and Chinese cabbage (Brassica chinensis) growth [J]. J Soils Sediments, 2013, 13:711–719.

[234]Li X, He J Z, Hughes J M, et al. Effects of super–absorbent polymers on a soil–wheat (Triticum aestivum L.) system in the field[J]. Appl Soil Ecol., 2014, 73:58–63.

[235]Liao R K, Wu W Y, Ren S M, et al. Effects of superabsorbent polymers on the hydraulic parameters and water retention properties of soil [J]. Journal of Nanomaterials, 2016, 2016:5403976.

[236]Liu Z X, Miao Y G, Wang Z Y, et al. Synthesis and characterization of a novel super–absorbent based on chemical modified pulverized wheat straw and acrylic acid [J]. Carbohyd Polym, 2009, 77:131–135.

[237]Liu F C, Ma H L, Xing S J, et al. Effects of super–absorbent polymer on dry matter accumulation and nutrient uptake of pinus pinaster container seedlings [J]. J For Res, 2013, 18:220–227.

[238]Lou Y L, Xu M G, Wang W, et al. Return rate of straw residue affects soil organic C sequestration by chemical fertilization[J]. Soil and Tillage Research, 2011, 113:70–73.

[239]Mengel K, Kirkby E A. Principles of plant nutrition[M]. International Potash Institutes, Bern, Switzerland, 1987, 247–252.

[240]Musil C F, Arnolds J L, Van Heerden P D R, et al. Mechanisms of photosynthetic and growth inhibition of a southern African geophyte Tritonia crocata (L.) Ker. Gawl. by

an invasive European annual grass Lolium multiflorum Lam [J]. Environmental and Experimental Botany, 2009, 66(1):38–45.

[241]Salavati S, Valadabadi S A, Parvizi K H, et al. The effect of super–absorbent polymer and sowing depth on growth and yield indices of potato (Solanum tuberosum L.) in Hamedan Province, Iran[J]. Appl Ecol Environ Res., 2018, 16:7063–7078.

[242]Shahram S, Felora R. Investigation of superabsorbent polymer and water stress on physiological indexes of maize[J]. J Adv Biol. 2014, 4:455–460.

[243]Silberbush M, Adar E, Malach Y D. Use of an hydrophilic polymer to improve water storage and availability to crops grown in sand dunes II. Cabbage irrigated by sprinkling with different water salinities[J]. Agricultural Water Management, 1993, 23(4):303–313.

[244]Sojka R E, Entry J A, Fuhrmann J J. The influence of high application rates of polyacrylamide on microbial metabolic potential in an agricultural soil [J]. Applied Soil Ecology, 2006, 32(2):243–252.

[245]Song H X, Li S X. Dynamics of nutrient accumulation in maize plants under different water and N supply conditions[J]. Agricultural Science in China, 2002, 12(1): 1350–1357.

[246]Omidian H, Roccaj J G, Park K. Advances in superporous hydrogels [J]. Journal of Controlled Release, 2005, 102(1):3–12.

[247]Qin S H, Zhang J L, Dai, H L, et al. Effect of ridge–furrow and plastic–mulching planting patterns on yield formation and water movement of potato in a semi–arid area [J]. Agricultural Water Management, 2014, 131, 87–94.

[248]Varennes D A, Queda C. Application of an insoluble polyacrylate polymer to copper–contaminated soil enhances plant growth and soil quality [J]. Soil Use Manage, 2005, 21:410–414.

[249]Wang Y J, Xie Z K, Malhi S S, et al. Effects of rainfall harvesting and mulching technologies on water use efficiency and crop yield in the semi–arid Loess Plateau, China[J]. Agricultural Water Management, 2009, 96, 374–382.

[250]Yazdani F, Allahdadi I, Akbari G A. Impact of superabsorbent polymer on yield and growth analysis of soybean (Glycine max L) under drought stress condition[J]. Pakistan Journal of Biological Sciences Pjbs, 2007, 10(23): 4190.

[251]Yang L X, Yang Y, Chen Z, et al. Influence of super absorbent polymer on soil water retention, seed germination and plant survivals for rocky slopes eco–engineering[J].

Ecological Engineering, 2014, 62(1): 27-32.

[252]Yang L L, Han Y G, Yang P L, et al. Effects of super absorbent polymers on infiltration and evaporation of soil moisture under point source drip irrigation[J]. Irrigation and Drainage, 2015, 64(2): 275-282.

[253]Yang W, Li P F, Guo S W, et al. Compensating effect of fulvic acid and super-absorbent polymer on leaf gas exchange and water use efficiency of maize under moderate water deficit conditions[J]. Plant Growth Regul, 2017, 83:351-360.

[254]Yazdani F, Allahdadi I, Akbari G A. Impact of superabsorbent polymer on yield and growth analysis of soybean (Glycine max L.) under drought stress condition[J]. Pakistan Journal Biologic Science, 2007, 10(23): 4190-4196.

[255]Yu J, Dang P F, Shi J G, et al. Soil and polymer properties affecting water retention by superabsorbent polymers under drying conditions [J]. Soil Science Society of America Journal, 2012, 76(5):1758-1767.

[256]Woodhouse J, Johnson M S. Effect of superabsorbent polymers on survival and growth of crop seedlings[J]. Agric Water Manage., 1991,20:63-70.

[257]Zhang P, Wei T, Jia Z K, et al. Soil aggregate and crop yield changes with different rates of straw incorporation in semiarid areas of Northwest China [J]. Geoderma, 2014, 230: 41-49.

附录1

宁夏同心扬黄灌区马铃薯田保水剂施用技术规程

主要起草人:侯贤清,李荣,何文寿

2021 年 10 月

1　范围

本标准规定了宁夏同心扬黄灌区马铃薯田进行春灌的基础上,马铃薯种植技术的选地、整地、种植方式、施肥技术及保水剂的施用技术。

本标准适用于宁夏同心扬黄灌区马铃薯施用保水剂技术。

2　规范性引用文件

下列文件对于本文件的应用是必不可少的,文件中的条款通过本标准的引用成为本标准的条款。凡是注日期的引用文件,仅所注日期的版本适用于本文件;凡是不注明日期的引用文件,其最新版本(包括所有的修改单)适用于本文件。

　　NY/T 496 肥料合理使用准则 通用

　　NY 886—2010 农林保水剂

　　GB 3243—82 马铃薯种薯生产技术操作规程

　　DB64/T 245—2002 农业机械作业质量机械耕整地

　　DB64/T 783—2012 中部干旱带马铃薯种薯旱作节水生产技术规程

3　适用条件

3.1　气候条件

地处宁夏中部干旱带核心区(黄土高原与内蒙古高原交界地带),地势由南向北逐渐倾斜,以山地为主,地形复杂,属于中温带干旱大陆性气候,半干旱偏旱区。该区干旱少雨,海拔约 1 200 m,年降水量 200~300 mm,80%保证率,≥10℃的积温约 3 000℃,热量充足、昼夜温差大、蒸发量大。多年平均日照 3 024 h,无霜期 120~218 d,平均日较差为 31.2℃,适宜玉米、马铃薯、瓜果蔬菜等作物种植。

3.2　立地条件

该区属宁夏同心扬黄灌溉区,土壤质地为壤土或砂质壤土,机械组成以细沙和粉沙为主,其土壤有机质含量 2.6 g/kg,碱解氮含量 47.9 mg/kg,有效磷含量 14.4 mg/kg,速效钾含量 198.3 mg/kg,pH 8.8,属低等肥力水平。总体来看,土壤质地偏粗,有机质与氮磷养分缺乏,保水保肥性能较差。

3.3　本规程适用作物

宁夏同心扬黄灌区种植马铃薯。

4　保水剂施用技术

4.1　保水剂种类

沃特保水剂:(1)沃特保水剂,产自胜利油田东营华业新材料有限公司,为有机–无机杂化保水剂,吸水倍率 500~1 000,pH 6.0~8.0。(2)微生物保水剂,产自长沙圣华科技发展有限公司,为生物菌种多功能制剂,pH 6.7,吸水倍率 300~400。(3)安信保水剂,产自东莞市安信保水有限公司,为高吸水性树脂,吸水倍率 450~680,pH 值 6.7。

4.2　保水剂使用方法

(1)浸种

先将保水剂与水按 1:100~1:150 的比例配成凝胶体,再将种子放入凝胶体中,浸种 12 小时,晾干后播种,播种后浇透水。用量为凝胶体:种子=1:5~1:10,点播使用此法。

(2)拌种

先将保水剂按 0.5%~1.0%的浓度兑水,充分搅拌形成水凝胶后,拌入种子搅拌均匀,晾干后即可播种,播后覆土、浇水。施用量:5~8 kg/666.7 m²。

(3)穴施

将保水剂与细干按土:肥料=1:10~1:20 的比例混合拌匀,均匀施入深 10~20 cm 种植穴内,后覆土、浇水,施用量:5~8 kg/666.7 m²。

4.3　保水剂施用技术

（1）保水剂按 1:100 比例与水制成凝胶，播种前 1 d 用保水剂对马铃薯进行浸种穴施，播种穴长、宽均为 15 cm，深 10 cm，播种深度均为 5~6 cm。

（2）播种前按照保水剂用量与细土：肥料=1：10 充分混合均匀后穴施。播种前 1 d 用保水剂对马铃薯进行穴播，播种穴长、宽均为 15 cm，深 10 cm，播种深度均为 5~6 cm。

4.4　注意事项

（1）用量合理，过少达不到抗旱保水作用，过多会造成浪费，起不到更好的使用效果。

（2）保水剂可与农药、化肥、植物生长调节剂等混合使用，使用时应将保水剂施入在最底层，中间用土层隔开。

（3）保水剂应均匀施入种植沟、穴内。

（4）保水剂不是造水剂，在实际应用中必须了解土壤墒施浇水，如无浇水条件则应在下过透雨后及时施入，并注意适时补水。

（5）各地区作物应根据种植方式选择最佳使用方法。

（6）多种使用方法可以结合一起使用。

（7）注意防潮，未使用完的部分，密闭封存，防止受潮。

（8）本使用技术使用时应视土质或干旱等实际情况做适当调整。

5　施肥技术

5.1　施肥原则

坚持土壤培肥与马铃薯施肥、施肥与合理灌溉相结合。坚持有机肥和无机肥相结合，氮、磷、钾肥与微量元素肥料相结合，基肥与追肥合理分配，以基（底）肥为主，追肥为辅；有机肥全部作基肥，以秋施为宜。

5.2　适宜使用的肥料

（1）有机肥料

厩肥：以羊、牛、马、鸡等畜禽的粪尿为主与秸秆等垫底堆积，并经微生物作用而成的一类有机肥料。作物秸秆肥：以麦秸、玉米等直接还田的肥料。

（2）无机肥料

符合国家标准和农业部门登记使用的各种无机肥料。氮肥：以氮素营养元素为主要成分的化肥,包括碳酸氢铵、尿素等。磷肥:以磷素营养元素为主要成分的化肥,包括普通过磷酸钙、重过磷酸钙肥、磷酸二铵等。钾肥:以钾营养元素为主要成分的化肥,主要品种有硫酸钾等。

（3）有机无机肥料

符合国家标准和农业部门登记使用的有机无机复混肥料、腐殖酸复合肥等。

（4）生物肥料

符合国家标准和农业部门登记使用的各种微生物肥料。

5.3　不宜施用或禁止施用的肥料

不能施用挥发性较大和酸、碱性较强的商品肥料,还有含氯根（氯化铵、氯化钾）的肥料等都不宜施用。禁止使用未经国家或省级农业部门登记的各种商品肥料和改良剂。

5.4　施肥技术

（1）施肥量

按照"NY/T 496 肥料合理使用准则通用"要求,根据宁夏同心县土壤供肥能力、马铃薯目标产量和近年来试验得出的每生产 1 000 kg 鲜薯所需养分量（N 5.6 kg,P_2O_5 2.7 kg,K_2O 15.7 kg）及其养分总需要量和近年来试验得出的马铃薯施肥量和施肥方法,提出目标产量下马铃薯推荐施肥量。

（2）肥料运筹

有机农家肥全部作基肥,以秋施为宜,70%氮肥和全部磷、钾肥也作基肥（底肥）,30%氮肥作追肥。农家肥和化肥混合施用,提倡多施用有机农家肥。

（3）施肥技术与时间

马铃薯施肥应在遵循以基肥为主,追肥为辅,有机、无机肥配合施用。

（4）春覆膜施肥

秋施基肥:改春施肥为秋施肥,在秋末雨季结束后,结合最后一次耕翻,收糖将有机农家肥 2 t/666.7 m^2 施入。

播前基肥:在马铃薯播种前 3~5 d,结合耙糖将黄腐酸钾 20 kg/666.7 m^2、激氮 10 kg/666.7 m^2,硫酸锌 1 kg/666.7 m^2,全部的磷、钾肥和 70%氮肥旋耕入土（旋深 10~15 cm）。

追肥:总施氮量的 30%在现蕾期追施。蕾期和花期各喷洒尿素和磷酸二氢钾溶液(0.2%)1 次,每次喷液 100 kg/667 m²。

6 配套农艺措施

6.1 整地

秋收后深耕翻晒,春季播种前进行春灌 1 次,平整土地,旋耕机深翻 20~25 cm,喷施杀虫灭草剂,以免养分散失和土壤跑墒。

6.2 品种

选择耐旱高产品种,根据近年试验结果,适宜品种:陇薯 3 号、冀张薯 8 号、青薯 9 号、克新 1 号、青薯 168 等(一级种薯)。

6.3 种薯播前处理

将种薯放入温室或者室内进行催芽,温度保持在 12~18℃,芽长 2 cm 即可播种。播前 2 天进行切块,每块 2~3 个芽眼,切块 25~50 g 为宜,薯块用草木灰进行拌种,然后晾干即可。

6.4 种植方法

起垄、覆黑膜(膜宽 1.2 m)。宽窄行种植,宽行 60 cm,窄行 40 cm。机械播种,株距 40 cm,单垄双行。种植密度 2 800~3 000 株/666.7 m²,种子用量 120 kg/666.7 m²。也可采用机械不覆膜双垄双沟种植,行距 60 cm,株距 40 cm,种植密度 2 778 株/666.7 m²,用种量 120 kg/666.7 m²。

6.5 田间管理

蕾期前后进行病虫害防治,防病虫"克露"每亩 100 g、杀虫剂每亩 50 mL。苗期 3~4 叶第一次中耕除草,6~8 叶第二次中耕机械培土。

6.6 适时收获

当地上部茎叶全部由绿变黄,块茎停止膨大时应及时收获,一般早熟品种在 9 月初,中、晚熟品种在 9 月底至 10 月初收获。针对本园区品种,中联红 9 月 10 日、黑美人、克新 1 号 9 月上、中旬,陇薯 3 号、冀张薯 8 号 10 月 1 日收获。收获时,鲜薯在田间充分摊开晾晒半天,待薯皮木栓化后方可运输交售或窖藏。

宁夏盐环定扬黄灌区春玉米田保水剂施用技术规程

主要起草人:侯贤清,李荣,李培富

2021 年10 月

1 范围

本标准规定了宁夏盐环定扬黄灌区春玉米种植在施用保水剂的基础上,玉米种植技术的选地、整地、种植方式、施肥技术及保水剂的施用技术。

本标准适用于宁夏盐环定扬黄灌区春玉米施用保水剂技术。

2 规范性引用文件

下列文件对于本文件的应用是必不可少的,文件中的条款通过本标准的引用成为本标准的条款。凡是注日期的引用文件,仅所注日期的版本适用于本文件;凡是不注明日期的引用文件,其最新版本(包括所有的修改单)适用于本文件。

NY/T 496 肥料合理使用准则 通用

NY 886—2010 农林保水剂

NY T 3554—2020 春玉米滴灌水肥一体化技术规程

DB64/T 245—2002 农业机械作业质量机械耕整地

DB64/T 1292—2016 宁夏玉米滴灌种植技术规程

3 适用条件

3.1 气候条件

试验区位于宁夏回族自治区中东部,东与青山接壤,西与灵武市马家滩镇毗邻,北与王乐井乡搭界,南与惠安堡、大水坑乡相连;地处黄河上游,106°51′E,

143

37°40′N,海拔 1 300 m 左右。该地属中温带干旱半干旱气候区,平均气温为 22.4 ℃,多年平均降水量为 280 mm,年内降水分布极不平衡,降水主要集中在 6—9 月,而同期蒸发量高达 2 000~3 000 mm,无霜期为 151 d;≥10℃ 积温为 2 949.9 ℃,日照时数为 2 800 h 左右。

3.2 立地条件

该区属宁夏盐环定扬黄灌溉区,开垦多年,因周边过度放牧,原灰钙土表层被深厚风积沙土层覆盖,土壤砂性。试验地供试土壤上层为砂壤土,下层为淡灰钙土,偏碱性,0~40 cm 耕层土壤容重为 1.52 g/cm³,田间持水量为 16.2%,有机质含量为 4.7 g/kg,碱解氮、有效磷、速效钾含量分别为 35.2 mg/kg、4.6 mg/kg、67.5 mg/kg,按照国家第二次农田土壤普查养分分级标准属低等肥力,土壤保肥和供肥差。

3.3 本规程适用作物

宁夏盐环定扬黄灌区种植春玉米。

4 保水剂施用技术

4.1 保水剂种类

沃特保水剂:有机–无机杂化保水剂,吸水倍率 500~1 000,pH 值 6.0~8.0。

4.2 保水剂使用方法

(1)穴施

将保水剂与细干土按 1:10~1:20 的比例混合拌匀,均匀施入深 10~20 cm 种植穴内,后覆土、浇水,施用量:5~8 kg/666.7 m²。

(2)沟施

将保水剂与肥料按 1:10~1:20 的比例混合拌匀后,通过播种机均匀施入 10~20 cm 种植沟内。

4.3 保水剂施用技术

(1)玉米苗期按照保水剂用量与细土 1:10 的比例充分混合均匀后穴施。施用量:5~8 kg/666.7 m²。播种穴长、宽均为 15 cm,深 10 cm,播种深度均为 5~6 cm。

(2)保水剂按 1:10 比例与种肥混合均匀,在播种时通过玉米播种机种肥器均匀施入 10~20 cm 深种植沟内,施用量:5~8 kg/666.7 m²。

4.4　注意事项

（1）用量合理,过少达不到抗旱保水作用,过多会造成浪费,起不到更好的使用效果。

（2）保水剂可与农药、化肥、植物生长调节剂等混合使用,使用时应将保水剂施入在最底层,中间用土层隔开。

（3）保水剂应均匀施入种植沟、穴内。

（4）保水剂不是造水剂,在实际应用中必须了解土壤墒浇水,如无浇水条件则应在下过透雨后及时施入,并注意适时补水。

（5）各地区作物应根据种植方式选择最佳使用方法。

（6）多种使用方法可以结合一起使用。

（7）注意防潮,未使用完的部分,密闭封存,防止受潮。

（8）本使用技术使用时应视土质或干旱等实际情况做适当调整。

5　施肥与灌水技术

5.1　施肥原则

坚持土壤培肥与玉米施肥、施肥与合理灌溉相结合。坚持有机肥和无机肥相结合,氮、磷、钾肥与微量元素肥料相结合,基肥与追肥合理分配,以基（底）肥为主,追肥为辅;有机肥全部作基肥,以秋施为宜。

5.2　适宜使用的肥料

（1）有机肥料

厩肥:以羊、牛、马、鸡等畜禽的粪尿为主与秸秆等垫底堆积,并经微生物作用而成的一类有机肥料。作物秸秆肥:将麦秸、玉米等直接还田而成的肥料。

（2）无机肥料

符合国家标准和农业部门登记使用的各种无机肥料。氮肥:以氮素营养元素为主要成分的化肥,包括碳酸氢铵、尿素等。磷肥:以磷素营养元素为主要成分的化肥,包括普通过磷酸钙、重过磷酸钙肥、磷酸二铵等。钾肥:以钾素营养元素为主要成分的化肥,主要品种有硫酸钾等。

（3）有机无机肥料

符合国家标准和农业部门登记使用的有机无机复混肥料、腐殖酸复合肥等。

（4）生物肥料

符合国家标准和农业部门登记使用的各种微生物肥料。

5.3 不宜施用或禁止施用的肥料

不能施用挥发性较大和酸、碱性较强的商品肥料,还有含氯根(氯化铵、氯化钾)的肥料等都不宜施用。

5.4 施肥技术

（1）基肥:施用商品有机肥(有机质>45%,N+P$_2$O$_5$+K$_2$O>5%)300 kg/666.7 m^2,在玉米播种前(4月中旬)采用机械撒施,要求撒施均匀,然后结合旋耕将肥料与土壤混匀,达到土肥相融。

（2）种肥:磷酸二铵(16-46-0),每亩施 20 kg,结合播种条施。

（3）追肥:包括氮肥 15 kg/666.7 m^2(合尿素 33 kg/666.7 m^2),磷酸二氢钾 18 kg/666.7 m^2。

5.5 灌水技术

灌水方式为滴灌, 灌水定额为 220~250 m^3/666.7 m^2。分别在玉米苗期(20%)、拔节期(40%)、抽雄期(15%)、吐丝期(10%)、灌浆期(5%),玉米关键生育期追肥结合滴灌施入,追肥为氮肥(尿素 N≥46%)和磷钾肥(磷酸二氢钾水溶肥P$_2$O$_5$≥52%、K$_2$O≥34%)。推荐平水年玉米生育期灌水 12 次,施肥量 30~36 kg/666.7 m^2、施肥 10 次,分别在苗期施肥 15%、拔节期施肥 25%、抽雄期施肥 35%,灌浆期施肥 25%。在灌水中间 1/2 时段施肥。枯水年、丰水年适当增加或减少灌水量。推荐玉米滴灌水肥一体化制度见表1。

表1 风沙土区滴灌玉米水肥一体化技术方案

生育期	时间	灌水次数	灌水定额/(m^3·666.7 m^{-2})	施肥量/(kg·666.7 m^{-2})			追肥比重/%	备注
				N	P	K		
播种期	4 月下旬	1	15					
苗期	5 月中旬	1	15	3.75	1.8	1.20	15	追肥
拔节期	6 月上旬	1	20	2.08	1	0.67	25	追肥
	6 月中旬	1	20	2.08	1	0.67		
	6 月下旬	1	25	2.09	1	0.67		

续表

生育期	时间	灌水次数	灌水定额/(m³·666.7 m⁻²)	施肥量/(kg·666.7 m⁻²)			追肥比重/%	备注
				N	P	K		
抽雄期	7 月上旬	1	20	2.92	1.4	0.93	35	追肥
	7 月中旬	1	25	2.92	1.4	0.93		
	7 月下旬	1	20	2.92	1.4	0.93		
灌浆期	8 月上旬	1	20	2.08	1	0.67	25	追肥
	8 月中旬	1	20	2.08	1	0.67		
	8 月下旬	1	15	2.08	1	0.66		
成熟期	9 月上旬	1	15					
合计		12	230	25	12	8		

6　配套农艺措施

6.1　整地

施腐熟有机肥作为基肥结合秋翻地或早春翻地,其中高肥力施 1 t/666.7 m²,中肥力施 1~2 t/666.7 m²,低肥力施 2~3 t/666.7 m²。也可秋翻施商品有机肥 300 kg/666.7 m²,2 年追施基肥 1 次。平整土地,旋耕机深翻 20~25 cm,喷施杀虫灭草剂进行土壤封闭。

6.2　品种

选择耐旱高产玉米品种,根据近年试验结果,推荐春玉米品种:先玉 335、陇丹 9 号、银玉 439 等抗旱优良玉米品种为主。

6.3　玉米播种

玉米栽植采用宽窄行种植,宽行 0.7 m、窄行 0.3~0.4 m,株距 0.18~0.20 m,密度在 6 000 株/666.7 m² 以上,4 月中下旬种植。

6.4　田间管理

应用病虫草害综合防控技术,适时中耕、除草、灌溉、施肥、防止病虫害。

6.5　适时收获

9 月底至 10 月初春玉米适时收获。收获后采用机械粉碎还田技术,将秸秆就地粉碎还田,粉碎长度为 3~5 cm。在实施秸秆还田前须配施氮肥或腐熟剂(EM 菌),要求秸秆全量还田,加入 20 kg/666.7 m² 尿素或 4 kg/666.7 m² 腐熟剂,深翻入土,保证翻入 15 cm 土层以下,以促进秸秆腐解。

图　版

图 I　马铃薯田施用保水剂大田试验

保水剂施用方式在马铃薯种植上的应用

保水剂与肥料配施在马铃薯种植上的应用

保水剂与细土、肥料配施　　　　　　　保水剂穴施

图Ⅱ 春玉米田施用保水剂大田试验

滴灌条件保水剂施用量在春玉米种植上的应用

秸秆还田条件下保水剂与肥料配施在春玉米种植上的应用

玉米苗期穴施保水剂　　　　　　　播种期保水剂与种肥配施

图Ⅲ 保水剂种类

安信保水剂产品

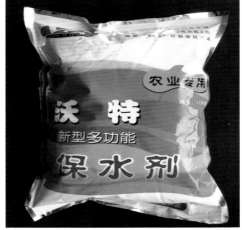

沃特保水剂产品

微生物保水剂颗粒

沃特、安信保水剂颗粒

黄腐酸钾

氮磷钾肥

图 V 土壤性状与作物生长指标的测定

试验田播种期及收获期土壤指标的测定

马铃薯生育期土壤水分及生长指标测定

玉米生育期土壤水分和生长指标测定